A BOOK APART SERIES

Brief books for people who make websites

JN088122

RCH

最善のリサーチ

Erika Hall 著

菊池 聡、久須美 達也、横田 香織 訳

UX DAYS PUBLISHING 監修

マイナビ

サポートサイトについて
本書の参照情報、訂正情報などを提供しています。
脚注で示した参考リンクはこちらからご確認ください。

https://book.mynavi.jp/supportsite/detail/9784839984755.html

- 本書日本語版の制作にあたっては正確を期するようにつとめましたが、著者、翻訳者、監修、出版社のいずれも、本書の内容に関してなんらかの保証をするものではなく、内容に関するいかなる運用結果についてもいっさいの責任を負いません。あらかじめご了承ください。
- 本書中の解説や情報は、基本的に原著刊行時の情報に基づいています。日本語版の制作にあたって適宜訳注を補っていますが、執筆以降に変更されている可能性がありますので、ご了承ください。
- 本書中に登場する会社名および商品名は、該当する各社の商標または登録商標です。
- 本書では®マークおよび™マークは省略させていただいております。

翻訳者序文

　本書「最善のリサーチ」は、リサーチをしているもののユーザーのインサイトが得られていない、あるいは形式的にリサーチを実施しているが実務に役立てられていないプロダクトチームのための書籍です。リサーチは、新たな知識の獲得、問題解決、プロダクト開発やソリューションに不可欠な手段です。しかし、リサーチの本質的な理解がないまま形式的に行われているケースが多くあります。

　新たな計画を立てる際に楽観的な予測をする「計画錯誤」バイアスが存在するのにもかかわらず、計画を立てることが大切だと考えてより厳密に計画をしようとする人がいます。皆さんの現場にもいらっしゃるのではないでしょうか。

　リサーチも計画の仕方と同様に考え方で結果が変わります。本書が説明するリサーチは、単なる情報収集の活動ではなく、深い洞察と理解を得るための手段です。リサーチ対象者の日常生活に深く潜り込み、対象者の視点から世界を見ます。

　本書は、形式的なリサーチからの脱却のために書かれています。そのため、基礎研究を行うような研究者やプロのリサーチャーのための書籍ではありません。リサーチに対する深い洞察と実践的なアプローチを提供することで、プロダクト開発に携わるすべての人が、より質の高い意思決定を行えるようにするのが本書の目的です。リサーチのプロセスや方法論は複雑であり理解するのが難しいため、著者のErika Hall（エリカ・ホール）は、ユーモアや独特な比喩表現を交えながら、リサーチとデザインの基本から始め、徐々に高度なトピックや具体的な手法を説明しています。

　リサーチが問題解決や意思決定プロセスにどのように貢献するかの理解や、リサーチの倫理と信頼性・正確で公正な結果を得るための重要性と方法を説明しています。また、リサーチの障壁となる、怠慢さ、傲慢さ、そして組織内の政治的争いなど、様々な要因を打ち破るためのアドバイスも提供してくれます。

　多種多様な分野でリサーチがさらに重要だと認識されるようになる中、本書が皆さまのリサーチに役立つ道標になればと願っています。

——菊池 聡、久須美 達也、横田 香織

原著序文

　デジタル時代において、価値あるデザインを生み出すためには、多様な人々を理解したうえで、人々が何を求めているか予測し、必要な瞬間に適切なツールを提供することが求められます。しかし、どのようにすれば提供できるでしょうか？ 私たちは聖人でも神様でも霊媒師でもありません。他人を理解できる唯一の方法はリサーチであり、それこそがこの本の素晴らしいテーマです。

　本書は他の本とどう異なるのでしょうか？ 理想の世界では、リサーチの予算は潤沢にあり、プロジェクトの要件定義の前に十分な時間がリサーチに割り当てられます。また、確立されたモデル化の手順や業務プロセスによってリサーチの品質・有用性は担保されます。このような理想の世界では、クライアントはリサーチを重要視し、核心的な問いを投げかけるデザイナーを高く評価します。クライアントはマーケティング部門の指示や組織内の政治、あるいは個人の些細な欠点よりも、ユーザーのニーズを優先します。

　しかし、私たちが働く現実はそのような理想の世界ではありません。現実では、リサーチの予算は限られ、スケジュールに十分な余裕はなく、価値あるリサーチとは何なのか社内の意見は一致しておらず、「黄色は嫌いだ」などの表面的な意見が飛び交っています。あるいは、顧客の情報を求めていると言いつつも、実際には人間の洞察力をないがしろにして、コンピューターのアルゴリズムを重用している組織で働くこともあるでしょう。

　幸いなことに、エリカ・ホールは私たちと同じ「現実の世界」で働きながら、その現実の世界における作戦を練ってくれました。

　リサーチが私たちにとって役に立つためには、早く実益をもたらす方法が必要です。『最善のリサーチ（Just Enough Research）』を理解すると、重要な事実を素早く把握し、貴重な洞察を得られます。さらに、プロジェクトを破綻に導くことが多い社内の論争を避けたり、打ち勝ったりできるようになります。本書は、敵対関係にある人々を協力的な味方につける手段を示してくれます。皆さんのチームは必ず今より良い方向へと進化するでしょう。

　しかし、私の言葉を鵜呑みにしてはいけません。皆さん自身でリサーチしましょう。まずはChapter1から始めましょう。

—Jeffrey Zeldman（ジェフリー・ゼルドマン）

本書に巡り合えた幸運な皆さんは、リサーチについて知りたいと思っていたものの、今まで尋ねられなかったことすべてを学べることでしょう。エリカ・ホールは、特長であるウィットと鋭い明晰さを用いて、そもそもリサーチとは何であり何ではないか、チームを説得してリサーチに予算と労力を割く方法や協力して進める方法を説明してくれます。そして、MBAで一学期を費やしたとしても全ての答えを得るのは難しいかもしれない核心的な問いである、実際にリサーチをどのように行うかを解説してくれます。

　エリカは私たちに「現実と友達になる」ことを勧めていますが、この言葉は私がこれまで聞いた中で、デザインやプロダクトリサーチの意味を完璧に定義していると考えています。「現実と友達になる」とは、世界には自分とは違う人があふれていることを理解する、ということです。そして、人々のためにプロダクトや体験をデザインするのであれば、現実のコンテキストの中で人々の視点、ニーズ、願望を理解することが皆さんの仕事なのです。

　自分自身や自分たちの仕事に対して、全然知らない人たちの意見に耳を傾けるのは怖いことでしょう。なぜなら、自分の世界観が覆され、信念が疑わしくなるからです。結果として自分の世界観が壊れて行動を変えるきっかけになるかもしれません。

　しかし、全然知らない人たちの意見に耳を傾けるのは良いことだと思います。他の人には世界がどのように見え、聞こえ、感じられるのか。つまり、世界とは何なのかを知るために他の人と話すことは、当然のプロセスであるべきなのです。

　エリカが説明してくれているように、ユーザーのためにプロダクトを生み出し、利用してもらい、改良する仕事においては、ユーザーの視点、ニーズ、願望を理解するような問いかけが必要不可欠です。

― Kio Stark（キオ・スターク）

謝辞

　本書を最初に読んでくださった全ての皆さま、この本を通じて出会うことができた全ての人々、そして今私たちのチームに参加していただいてる皆さんに、心から感謝を申し上げます。

　私はLisa Maria Marquis（リサ・マリア・マーキス）に編集してもらうためだけに、別の本を書こうと思うぐらい彼女の編集はすばらしいものでした。Lisaは木々ばかりの森で私のそばにしっかりと立っていました。Katel LeDû(カテル・ルドゥ）は、地球上で最も親切な人でいながら、素晴らしい編集長です。私が締め切りを守ったことをKatelが覚えていてくれるのを願っています。Caren Litherland（カレン・リザランド）、あなたの厳格さに感謝します。全ての作家には、混乱している時に指摘してくれる人が必要です。伝説のJeffrey Zeldman（ジェフリー・ゼルドマン）とJason Santa Maria（ジェイソン・サンタ・マリア）に大きなハグをしたいです。

　Jared Braiterman（ジャレッド・ブレイターマン）、Mike Kuniavsky（マイク・クニアフスキー）、Liz Goodman（リズ・グッドマン）は今でも不思議と私の近くに住んでいます。Jeff Tidwell(ジェフ・ティドウェル)とKaren Wickre(カレン・ウィクレ）は私にとって刺激的な先駆者です。Nate Bolt（ネイト・ボルト）！ Cyd Harrell（シド・ハレル）は本当にクールで賢い人です。Kristina Halvorson（クリスティーナ・ハルボーソン）はミネアポリスの素晴らしいツアーを案内してくれました。Dan Brown（ダン・ブラウン）はただただ最高です。Lynne Polischuik（リン・ポリシューク）と彼女のインターンは新しい内容に関する貴重なアドバイスと意見をくれました。Chris Noessel（クリス・ノエッセル）には良い会話と名前の生成ツールを教えてくれたことに感謝します。Elle Waters（エル・ウォーターズ）はアクセシビリティに関する専門知識を教えてくれた宝のような人です。Indi Young（インディ・ヤング）は私と共感について議論する情熱を持ち続けており、Vivianne Castillo(ビビアン・カスティーヨ）は共感について新しい視点で考える手助けをしてくれました。

　執筆仲間たち、Kio Stark（キオ・スターク）とAnna Pickard（アンナ・ピカード）に感謝します。素晴らしい愚痴をわかちあってくれてありがとう。

　近くにいても遠くにいようとも、ミュール・ファミリーに感謝します。

　Amanda Durbin（アマンダ・ダービン）、John Hanawalt（ジョン・ハナウォ

ルト）、Katie Spence（ケイティ・スペンス）、Katie Gillum（ケイティ・ギラム）、David McCreath（デイビッド・マクリース）、Larisa Berger（ラリサ・バーガー）、Steph Monette（ステフ・モネット）、Andy Davies（アンディ・デイビス）、Jessie Char（ジェシー・チャー）、Essl、Rawle Anders（エッスル、ロウル・アンダース）、Tom Carmony（トム・カーモニー）、Jim Ray（ジム・レイ）、Angela Kilduff（アンジェラ・キルダフ）、John Slingerland（ジョン・スリンガーランド）はリモートリサーチの写真のモデルを務め、Dianne Learnedは息子Deltonと一緒にペルソナの役を演じてくれました。

　素晴らしい人々の紹介（順不同）：Dr. Chuck（ドクター・チャック）、Sonia Harris（ソニア・ハリス）、Rod Begbie（ロッド・ベグビー）、Ashley Budd（アシュリー・バッド）、Thomas Deneuville（トーマス・デヌヴィル）、Jared Spool（ジャレッド・スプール）、Dana Chisnell（ダナ・チズネル）、Heather Walls（ヘザー・ウォールズ）、Zack McCune（ザック・マクーン）、Norcross（ノークロス）、Mia Eaton（ミア・イートン）、Ross Floate（ロス・フローテ）、Erin Margrethe（エリン・マーガレット）、Nathan Shedroff（ネイサン・シェドロフ）、Jason Shellen（ジェイソン・シェレン）、Kayla Cagan（ケイラ・キャガン）、Josh Cagan（ジョシュ・キャガン）、Seven Morris（セブン・モリス）、Wil Wheaton（ウィル・ウィートン）、Dean Sabatino（ディーン・サバティーノ）、Margo Stern（マルゴ・スターン）、Ani King（アニ・キング）、そしてBenny Vasquez（ベニー・バスケス）。

　私が人生で執筆を成し遂げられたのは、すべて家族のNancy（ナンシー）、Esther（エスター）、Bud（バド）、Al（アル）、Gary（ゲイリー）のおかげです。家族は私に「ホール家の流儀」を教えてくれました。それは、山を登り、笑いを大切にし、そして人々の心の中にある良いもの、あるいは少なくとも興味深さを価値あるものとすることです。長年にわたる温かな思いやりとサポートをくれた Judy（ジュディー）と Nadine（ナディーン）に大きなハグをあげたいです。Mike Monteiro（マイク・モンテイロ）、あなたの助けを認めざるをえません。そしてもちろん、ぷくぷくしたルパートは小さな相棒であり、この本のモデルでもあります。これで散歩に行けますね。

　　　　　　　　　　　　　　　　　　　　　　―Erika Hall（エリカ・ホール）

目次

最善の
リサーチとは

Enough Is Enough

2001年、インターネット上では「ジンジャー」（Ginger：セグウェイのコードネーム）と呼ばれる、人々の移動手段を革新する画期的な未来の乗り物に関する噂が広がりました。ジンジャーはまさにすべてを変える革命的な乗り物だと言われ、Amazonのジェフ・ベゾスやU2のボノなど、多くの人々が興味津々でした。何千万ドルものベンチャー投資がこのプロジェクトに注ぎ込まれ、大きな期待が寄せられていました。

　そして、その年の12月、ついにその「ジンジャー」が姿をあらわしました。周りを吹き飛ばすような衝撃とともにセグウェイがデビューしたのです。

　しかし最近では、セグウェイはぎこちない観光客の一団を乗せているか、あるいは倉庫の通路以外ではほとんど見かけなくなりました。それは20世紀末の知識人が描いた、革新的に進化した未来とは違うものになりました。

　交通システムはとても強固な規則に縛られ複雑です。社会の産業化が進み、人々がより速く移動すればするほど、多くの事故や混乱が起こるので、規則は厳しくなります。現在、個人を対象にした基本的な陸上交通手段は4種類。歩行（または車椅子）、自転車、バイク、そして自動車です。

　また、道路は基本的に歩道と車道の2種類です。歩行者や車椅子の人は歩道を通行し、自転車などを含む乗り物は車道を通行します。移動には出発地点と目的地があり、例えば個人なら、自動車で旅行をする場合はそれぞれの目的地で乗り物を保管しなければなりません。自転車は屋外の自転車用ラックに置くか、屋内の保管場所を探す必要があります。自動車とオートバイは車道の指定エリアや駐車場、または車庫に止める必要があります。信頼できる交通手段が日常生活にとって欠かせないものであることは、タイヤがパンクして走れなくなったときのことを考え

ればわかるでしょう。

　個人的な交通手段の好みに関係なく、私たちは皆、地域のルールや規則を共有しており、大抵の人が同じようなニーズを抱えています。人々は遅刻しないように学校や職場に行く必要があり、食品を運搬したり子どもの送迎をしたりする必要があります。晴れの日も雨の日も移動しなければなりません。

　小さな地域差はあるものの、世界中の何十億という人々が確立された交通システムの中にいます。その交通システムにセグウェイは適応できませんでした。車より遅く、一般的な自転車の10倍以上の価格でした。セグウェイを買う余裕のある人でさえ、どう使えばいいのかわからなかったのです。子どもたちを学校に送迎したり、20マイル（約32km）以上の通勤をしたり、家族を乗せたり、後部座席でくつろいだりもできません。

　評論家たちはセグウェイのおかしな見た目や高すぎる価格を批判しましたが、それらがセグウェイの運命を決めた原因ではありません。アーリーアダプターは、真のニーズを満たすイノベーションのためには高いコストを払ったり周囲から笑われたりすることも気にしません。しかしそれでも、セグウェイを必要としていませんでした。

　セグウェイの失敗から得られるデザインリサーチの教訓とは何でしょうか？　それは、人間が関わる場面では、交通システムのようなコンテキストがすべてだということです。

もう無理！

「生兵法は怪我のもと」
ーアレキサンダー・ポープ（Alexander Pope）

皆さんはちょっとした危険なことが好きですよね？

　デザインしたり、コードや文章を書くことは、危険を承知で未知の世界に飛び込んだり、絶えず変化するものから新しいものを作りだしたり、毎日批判や失敗に身をさらしたりすることと同じです。それはまるで、僧侶が嵐の中で砂絵を描くようなものです。ただ一つ違うことは、僧侶は曼荼羅にIABの広告ユニットを組み込む方法を見つける必要はないのです[※1]。

　1ピクセル、1行、1フレーズずつ作業を進め、戦略の転換や誤算のたびに、書き直しや修正が必要となります。しかし皆さんは、最高のデザイナーや開発者、作家は自発的で、自分を鼓舞し、完璧なスキルを持っていると思い込んでいます。クリエイティブな才能に対する幻想は、彼らが「わからない」と言えない状況を生み出しています。

　皆さんは、知識よりもやる気だけを重視し、未検証の仮説であっても軽率に突き進むチームにいるかもしれません。また、上司に追い立てられ、立ち止まる間も、息つく間もないかもしれません。できるだけ早くゴールに到達しなければならないという圧力があるので、誤った方向へ進んでいるかもしれませんが誰も気にしません。さらには、チームは

※1ーデジタル作業は非常に一時的なものであり、砂絵のようにすぐに消え変わることを意味します。「IAB」とはインタラクティブ広告局を略したもので、ウェブサイト上の広告基準を作成する団体です。つまり、デザイナーが作るものは一時的なものですが、芸術ではありません。また、デザイナーがコントロールできない、デザインに柔軟性がないビジネス要件も存在します。一方で、砂絵を描く僧侶は、一瞬の美しさを表現することに集中していることを示しています。

マーケティングやセールスへの対応、競合への対抗もしなければなりません。加えて、日々新しいトレンドやバズワードが飛び交っています。

このような状況では、「リサーチ」という言葉はとても恐ろしいものに聞こえるかもしれません。手元に資金や時間がない中で何かを作り上げているにもかかわらず、リサーチは広い図書館や研究所で床に落ちた1本の針を探しているかのように思えます。何よりも怖いのは、すべての答えを持っていないと自ら認めることです。リサーチは良いことだという漠然としたイメージはありますが、一方でリサーチから得られる利益は曖昧でありながら、コストは非常に明確なのです。

本書はそんな皆さんの味方です。

リサーチは、周囲をよりよく見渡すための潜望鏡であり、慎重に使えばとても便利な道具です。リサーチはコストが積み重なるものではなく、自分やチームの時間と労力を大幅に節約してくれます。

以下のリストに当てはまるテクニックや方法を使うと良いでしょう。
・正しい問題を解決しているかどうかを判断する。
・組織内でプロジェクトの進行を妨げる可能性のある人物を見極める。
・競争力を最大化する優位性を見つけ出す。
・顧客に自分たちと共通した関心を持ってもらうための説得方法を学ぶ。
・大きなインパクトを与える小さな変化を見つけ出す。
・最高の成果を出すことを妨げている自分の盲点やバイアスを認識する。

本書を読み終える頃には、皆さんは驚くほどの知識を身につけていることでしょう。なぜなら、いったん答えを知り始めたら、問いを止められなくなるからです。その問いをつづける懐疑的な心構えは、どんな方法論よりも価値があります。

リスクとイノベーション

　数年前、世界最大級の保険会社から私の会社のミュール・デザイン（Mule Design）に依頼がありました。新たな個人向けテクノロジーによって可能な新商品や仕事の新サービスの機会を見つけ出してほしいというのです。依頼内容はとても面白く、頭の中が解決すべき問題と興味深い課題でいっぱいになりました。早速私たちは、「素晴らしいですね。現在の運営や顧客向けサービスについて詳しく理解したいので、営業担当者や代理店の方々に話を聞けるといいのですが。」とクライアントに依頼したところ、彼らからは「それはダメですね」という断りの答えが返ってきました。断りの理由は、「現在の我々のやり方があなた方の創造性を邪魔することは避けたいのです。革新的なアイデアを求めているんです！」というものでした。

　私たちメンバーは、かしこい人がそろっていると自負しています。メンバーは、常にテクノロジーの進歩を追いかけ、想像力豊かで、漫画やSF小説を読んでいて、モノレールや培養肉、そして宇宙ステーションをゾンビの攻撃から守る方法について、よく練られた作戦を持っているのです。ちなみにその作戦とは、培養肉でエアロック（気圧調整の密閉された小部屋）にゾンビを誘導してゾンビを閉じ込め、自分たちは、その隙にモノレールで脱出するというものです。

　しかし、これらの能力は10年後の保険業界の行く末を占うことはできません。将来を推測するのは楽しいですが、推測でクライアントのお金を使うのは無責任です。

　結局、クライアントのビジネスを理解するために既存データやレポートやドキュメントを読み込む二次調査を何度も行いました。レポートや記事を読むのは、営業担当や代理店の人から具体的な状況を聞くよりも労力がかかり、あまり楽しくないものだったにもかかわらず、ビジネス

についての情報は得られませんでした。私たちの仕事は信頼に足るものでしたが、結果を得られなかったため、改善の余地があったということです。

　企業やデザイナーはイノベーションに熱心です。しかし、本当にイノベーションを起こすには、物事の現状とその理由を理解することが何よりも大事なのです。

リサーチとは何か

　リサーチとは、単なる体系的な調査のプロセスです。あるテーマについて詳しく知りたいと思った場合、知識を増やすために踏むプロセスなのです。どのようなプロセスを踏むかは、自分の立場と何を知りたいかによって異なります。

　最近の「個人的なリサーチ」の多くは、Googleの検索で始まり（「ミハイ・チクセントミハイとは誰か」Who is Mihaly Csikszentmihalyi?）、Wikipediaのページで名前の読み方を確認して終わります[2]。ある一定の知識はすでに世の中に存在しているので、情報を見つけるのは比較的簡単で、あとは信頼できる情報源を見つけるだけです。ホッキョクグマはみんな本当に左利きなのか？　これも調べれば答えがでてきます。

※2─筆者は、ほとんどの人がWikipediaで「ミハイ・チクセントミハイ」という名前の読み方を調べて満足すると揶揄しています。そもそも英語の綴りと、読み方が一致せず読み方がわからないのが調べる理由です。

「基礎研究（Pure Research：ピュアリサーチ）」は、新しい事実や基本原理を発見し、新たな人間の知識を創出することを目的として行われます。例えば、「人間はなぜ眠るのか？」というような特定の問いに答えることで、神経科学などの分野を進化させることを研究者は望んでいます。基礎研究は、観察や実験に基づいていて、結果は同じ分野の研究者によるレビューを受けた専門誌に掲載されます。これが科学です。客観性を保ち、結論の信憑性を確保するために、厳密な基準と方法論が存在します（ただし、企業が資金提供する名目上の基礎研究では状況が曖昧になることがしばしばあります）。

　「応用研究（Applied Research：アプライドリサーチ）」は、現実にある特定の目標に役立てるために、基礎研究からアイデアや技術を応用します。例えば、病院のケアの質の向上や豚肉風味のソーダの新しいマーケティング方法の発見などです。倫理は重要ですが、実行方法は柔軟になることがあります。例えば、限られた時間の中で、研究の途中で質問を変更したり、不完全なサンプルグループを最大限に活用したりすることがあります。応用研究の成功は、目標への貢献度で測るからです。ときには基礎研究と同様に、意図せず貴重な何かを発見することもあります。

　そして、「デザイン調査（Design Research：デザインリサーチ）」という分野もあります。デザインリサーチは広く長く使われている言葉です。1960年代には、デザイン自体の目的やプロセスに関するリサーチを指していました。現在でも学術界では同じ意味で広く使われています。様々なデザインリサーチの研究所が世界中に存在し、多くの研究所が高度で専門的な学術用語で定義される大きな哲学的問題や、小さな理論的問題に取り組んでいます。もし、空間知能（Spatial Intelligence）の変革的な概念やフードロスの哲学に興味があるのであれば、この分野はあなたにとってぴったりです。

しかし、インダストリアルデザイナーやインタラクティブデザイナーがデザインリサーチに言及した場合、通常はデザイン作業の中のリサーチを指しています。つまり、デザインについてのリサーチではなく、デザイン作業の一部として行われるリサーチです。このリサーチは主に、デザインの対象となる人々の理解に焦点を当てており、非人間的な印象はあるものの使い勝手のよい「エンドユーザー」という用語で呼ばれる人々を対象にします。

世界的に有名なコンサルティング会社IDEOのクリエイティブディレクターである、ジェーン・ファルトン・スリ（Jane Fulton Suri）は、2008年の自身の記事「Informing Our Intuition: Design Research for Radical Innovation（情報と直感：革新のためのデザインリサーチ）[3]」で、デザインリサーチの目的についての素晴らしい定義を提唱しました。

デザインリサーチは、人々の行動や経験の根底にあるパターンを明らかにすること、試作やプロトタイプに対する反応を探ること、仮説と実験を繰り返し未知の世界に光を当てることなど、関連して目的に合致した手法を通じて、想像力と直感を刺激し情報を与えてくれるものです。

※3—リンクはサポートサイトを参照してください。

デザインを成功させるにはユーザーのニーズと欲求に応えなければなりません。不思議なことに、自分が人間であるからといって、人間を理解できるわけではないのです。デザインリサーチは、馴染みのある人々や物事であっても未知のもののように捉えなおし、見直す必要があります。宇宙人が地球への警戒心を解いていくように、私たちも思い込みを取り払う必要があります。

　自分で問いを立て、答えを見つける方法を知ることは、デザイナーであるための重要な要素です。もし、皆さんが調査の質問作りを他人に任せているなら、フォーカスグループ・インタビューでユーザーの曖昧な意見を聞き続けたり、アルゴリズムに任せて微妙な色味の調整をひたすら続けたりしようとするかもしれません。人々がどう感じるかを曖昧に尋ねたり、分析に基づいて現在のデザインを微調整したりするよりも、どのような行動を何のためにするのかが皆さんのビジネスや組織にもたらす機会を発見することの方が、より先進的で適切なデザインソリューションにつながります。

　核心的な問いを投げかけると、新しい視点を得て、仕事を効率的に進められると気づきます。より強固な根拠や明確な目的を持ち、自らの状況や環境の限界を理解することで、イノベーションへの道が開かれます。

リサーチではないこと

「リサーチ」という言葉を口にすると、恐怖心や誤った先入観から拒否反応を起こす人がいます。対応できるようにしておきましょう。

■ リサーチは、人々に「何が好きか」を聞くことではない

ビジネスやデザインの意思決定に関わる人たちにインタビューをすると、彼らは自分は何が好きか、好きではないかを語り始めることがあります。「好き」は批判的思考の人の発する言葉ではありません。ある面では、私たちは自分の行動を好かれたいと思っているので、「好き」を一つの成功指標として扱うことはできます。しかし、「好き」という概念は主観的で意味がなく、表面的な心境を主張しているにすぎません。つまり、ある個人が特定のものを好きかそうでないかと話したところで、役に立つ洞察は得られません。私は馬が好きですが、オンラインで馬を買うつもりはありません。

「好き」「嫌い」についての発言はすべて無視すべきです。多くの人は、自分自身が嫌いだと言いながらも、その活動に日常的に関与しています。

■ リサーチは、かっこよく見せることではない

　正しい答えを出すことは、本当に気分がいいものです。ほとんどの人は、学校や職場で正しい答えを出すことで、ほめられたり報酬をもらったりしてきました。答えを出すのは良い気分になるのと同時に自分の無知をさらけだすことへの深い恐怖もあります。たとえ自分の無知をさらけだす恐怖が根拠のない妄想であっても、恐怖を忘れて心から安心しきるのは難しいものです。だから、学ぶためには謙虚さと勇気の両方が必要なのです。自分がすべての答えを持っていないと認める必要があります。自分の無知を正直に認めるほど、より多くを学べます。自分をかっこよく見せたいとか、表面的な権威性を演出したいとか、そんな欲望に振り回されてはいけません。

■ リサーチは、正しさを証明することではない

　組織によっては、多少のリサーチ活動を認めているところもありますが、それは「検証」という名目でのことです。検証程度のリサーチでは、確証バイアスを招いているようなものです。つまり、自分がすでに信じていることを支持するような調査結果を重視しようとしてしまうのです。

　「正しい答え」など儚いものです。代わりに、継続的に学習へ取り組み、できるだけ早く間違いが証明されることを受け入れましょう。エゴは美しくも危ういものなので、今すぐ捨て去るべきです。

■ リサーチは、データが多いからといって
■ 優れているわけではない

「高度に制御された実験に基づいている」という見え方が大好きな経営層に加え、サンプル数を重要視し、定性調査の妥当性や有用性に異議を唱える人に出会うことがあります。これらの人々は、多くは数量分析の専門家で、自分たちが知っている基準を一方的に押し付けているだけです。他にも、世論調査員の場合や、アンケートの実施や特定のブランド分析を売り込むことでお金を稼ぐマーケターの場合もあります。そのような統計的な有意性に関する議論は避けてください、そもそも勝つことはできません。そんな議論に加わるよりも、現実の世界のゴール達成のために役立つ洞察を得ることに注力しましょう。

データが多いからと言って、それが深い理解を生むわけではありません。しばしば、情報量が多すぎるとデータの意味が不明瞭になり、特定のアクションを支持するために恣意的にデータを選び出してしまうこともあります。もし各種データの争いに巻き込まれた場合は、最初の原則とみんなで決めたゴールに立ち戻って会話をしましょう。

なぜ、このような本がまだ必要なのか

応用研究における定性調査や関連技法についての本は数百冊も存在します。応用研究の本の多くはプロのリサーチャーによって書かれたプロ向けのものです。プロのリサーチャーは、非常に厳格な人たちですが、パーティーなどの場では魅力的な方が多いです。

しかし、皆さんはプロのリサーチャーではないかもしれません。つまり、皆さん向けに書かれた本が必要です。簡潔な文章でたくさんの役立つ情報を網羅し、基本的な考え方やスキルをよりわかりやすく説明する本、それが本書です。

デザイン設計の意思決定をする人は誰でも、多くの素晴らしい質問を することで恩恵を受けられます。多くの意思決定をする人は、どのよう に回答を活用すべきか、ちょっとした案内を必要としています。本書に は、その案内としてプロジェクトやデザインソリューションの向上に役 立つアイデアとテクニックが掲載されています。私が自分のデザイン キャリアで最も役に立つと感じたトピックやアプローチを掲載している ので、概説というよりはケーススタディ集に近いものです。

　また、本書の指南は、リサーチの障壁となる怠慢さ、傲慢さ、そして 組織内の政治的争いを打ち破ることに役立つでしょう。

　リサーチとは、「批判的に思考すること」の別名にほかなりません。 後押しが少しあれば、チームの誰もがリサーチを受け入れるでしょう。 そして、重要な意思決定に直面している誰もが二度と<u>フォーカスグルー プ</u>[4]をしようと言わないように、一緒に解決していきましょう！

※ 4―フォーカスグループとは、少人数のグループのことで、一般的にはターゲッ ト市場を代表する人たちとアイデアを出し合ったり、プロダクトやサービス、ビジ ネスについて質問したりします。

基礎

The Basics

リサーチは様々な応用が可能な領域です。 Chapter2 では、リサーチの核となる実践方法や基本的な考え方、繰り返し様々な場面で活用できるテクニックを紹介していきます。また、誰がリサーチをするべきか、リサーチの種類と使い分け、リサーチの各プロセスにおける役割分担についても詳しく説明します。そして、リサーチのビジネス価値に対する疑念を払拭し、よくある反対意見への対処方法も解説します。

誰がリサーチをするべきか？全員だ！

リサーチはデザインチーム全員が参加するのが理想です。

もし皆さんが個人事業主の場合、簡単にリサーチを行うことができます。素晴らしいことに、リサーチを自分で経験でき、プロセスやドキュメントは自分の希望どおりに調整できます（ただし、個人的なバイアスには注意が必要です）。一方、チームでリサーチを行う場合は、チームのメンバーを最初から巻き込むことが重要です。そして最高に素晴らしいレポートを作ってチームメンバーを驚かせましょう。しかし、それだけではチームメンバーにインスピレーションを与えたり、仕事のやり方を変えたりするには程遠いのです（そうは思いませんか？ きっとあなたは経済学者で、人々が常に合理的に行動すると信じているかもしれませんが）。

スキューモーフィックの青銅製の天球儀のデザインを提案する場合に、チーム全員でリサーチを行っていれば、理由を詳しく説明する時間を減らし、結論の利点の説明により多くの時間を注げます。具体的には、「インタビューリサーチから、ターゲットのアマチュアの天文学者たちは、天体観測に主に19世紀の機材を使用していることが明らかになりました」と結論にフォーカスして説明できます。

　インサイト（洞察）の収集に参加した人は、インサイトを活用できる機会を探すでしょう。賢い人に従うよりも、賢い人の一人になる方が楽しいものです。それには、リサーチャーとデザイナーの関係性において、デザイナーがリサーチャーの分析結果に従うだけの存在になってしまうことは避けなければいけません。

　私が最初に就職したデザイン会社のリサーチ・ディレクターは、派手なストライプシャツをよく着ていた、魅力のある人類学の博士でした。大学から民間に転職したばかりでしたが、気難しい教授ではなく、専門知識を持ち、先頭をいくボーイスカウトの隊長のようでした。インタビューやユーザビリティテストは、現実世界の考え方に影響を与える宝探しや謎解きのようでした。ロープコースやトラストフォール[5]などの不快で不自然なチームビルディング方法とは違って、リサーチを一緒に行ったことでチームはどんどん協力的になりました。誰もが価値のある新しいことを興味深く学び、異なる視点を持ちました。コンテンツ・ストラテジストは実際にユーザーが使う言葉遣いに注意を払い、開発者はユーザーがテクノロジーをどう使うかの習慣について良い質問をしていました。ビジュアルデザイナーはオートバイに夢中でしたが、その趣味も時々役に立ちました。

　リサーチにはリードする人が必要です。つまり、進捗や手順を管理し、最終的に仕事の質に責任を負う人です。この役割には幅があります。皆さんがリサーチャーとしてデータを収集して、そのデータを他の人が分析するときもあれば、データ収集から分析まで全員で一緒に取り組むときもあります。一番大切なのは、参加者全員がリサーチの目的、自分の役割、そしてプロセスを理解していることです。

※ 5―トラストフォールとは、グループのメンバーが自分をサポートし捕まえてくれると信じて故意に失敗する行為で、チームビルディングの手法の一つです。ロープコースも同様にチームビルディングの手法です。

■ 目的をみつける

　すべてのデザインプロジェクトは、最終的には決断の連続です。解決すべき最も重要な問題は何か？　その問題に対する最善の解決策は何か？　ロゴの大きさはどうするべきか？

　どのようなプロジェクトでも、特定の決断をサポートするリサーチだけを行う必要性があります。もしクライアントが特定のユーザー層へより優れたサービスの提供方法を模索している場合、デザイン上の問題がはっきりしている場合に比べて、よりオープンなアプローチを取ることになるでしょう。

　デジタルデザインが「モバイル・ファースト」から「マルチモーダル・インターフェース」へと移行し、機械学習も取り入れられるようになった今、組織は安易にテクノロジーに合わせてデザイン設計を決めてはいけません。映画に出てくる先見の明のあるカオス理論の専門家[6]の言葉を借りれば、「できるからといって、そうすべきとは限らない」のです。

　リサーチの分類方法は、分類する人により様々です。リサーチャーは常に新しい分類方法を思いつきます。学術的な分類は抽象的で興味深いときもありますが、私たちは、仕事に役立つ実用的なものに関心があります。リサーチは道具箱に入っている色々な道具（ツール）であり、私たちは適切な道具を素早く見つけることに関心はありますが、道具箱の構成自体についての哲学的な議論にはあまり関心がありません。

　プロジェクトに最適なツールを選ぶには、「どのような決定をするのか（目的）」、「何について質問するのか（トピック）」を決める必要があります。プロジェクトの背景情報を収集し、ゴールと要求を明確化し、現状を把握し、解決策を評価するための最適なリサーチ手法を見つけましょう。

※6—映画『ジュラシック・パーク』のイアン・マルコム博士を指しています。

ジェネレーティブリサーチ・探索的リサーチ：「〜は何だろう？」

　ジェネレーティブリサーチ（Generative Research）は、自分が何から始めたらよいかわからない前段階で行うリサーチです。特定のトピックへの誰もが持っているレベルの好奇心から始まり、パターンを探索し、「これは一体何だろう？」と疑問を持ちます。こうした洞察から得られるアイデアが問題解決の方向性を定義する助けとなります。ジェネレーティブリサーチは、アイデアの発想や問題の定義に役立つので、必ずしもプロジェクトの初期段階にのみ使われる手法ではありません。既存のプロダクトやサービスの改善を検討している段階でも、新たな機能や機能改善のアイデアを発見できます。また、既存顧客へ新たなプロダクトやサービスを提供できる可能性もあります。

　ジェネレーティブリサーチには、インタビュー、フィールド観察、既存文献のレビューなどが含まれます。また、「ジェネレーティブリサーチ」と言うと、ちょっとお洒落な気分になれます。

　情報を集めたら、次のステップでは情報を精査し、最も一般的な「アンメット・ニーズ（＝満たされていない顧客ニーズ）」を特定します。このような調査と分析は、解決しなければならない問題を特定するのに役立ちます。例えば、「幼い子どもを持つ地域の親は、子どもの成長の節目ごとに行事や催し物のアイデアを提案してくれるアプリに価値を感じるだろう」というような仮説が導き出されるかもしれません。そして、親がその節目をどのように知ってお祝いするかについて、さらに記述的リサーチ（Descriptive Research）を行うことができます。

記述的リサーチ：「何と、どのように？」

　記述的リサーチ（Descriptive Research）では、ユーザーの特徴を観察し、描写します。これは、既にデザイン上の問題を特定できている場合に行うものであり、自分ではなくユーザーに向けたデザイン設計になるように、ユーザーのコンテキストを理解するために行います。この活動はジェネレーティブリサーチと似ているかもしれませんが、記述的リサーチでは問うべき質問がそもそも違います。ジェネレーティブリサーチでの「解決しなければならない問題は何か？」という問いから、「特定した問題を解決するための最適な方法は何か？」という問いに移行します。つまり、問題を特定した後、その解決策や最適な方法を模索する段階に進むのです。

　ミュール・デザインでは、眼の医療機関のデザインプロジェクトに数多く取り組んできました。私たちの会社には視力がとても悪い人もいて、スタイリッシュなメガネをかけていましたが、視力検査で1番レンズと2番レンズのどちらがより鮮明に見えるかという以上の専門知識は持っていませんでした。しかし、緑内障研究財団は、デザイン設計上の問題を明確に示してくれました。デザイン設計上の問題は、新たに目の病気を診断された患者へ、正確で役に立つオンライン教材をどのようにつくるかというものでした。そのため、最初に記述的リサーチを行いました。

　デザインの推奨事項を伝えるため、医師や患者にインタビューを行い、恐ろしい内容の文献を大量に分析しました（目の検査は定期的に受けるようにしてください）。こうして医師や患者がどんな経験をし、何を大事にしているのかを理解したことで、医学的に正確かつ患者の不安をあおらないオンライン教材を作成できました。

評価的リサーチ：「問題の解決に近づいてきたか？」

　解決したい問題が明確になれば、ソリューション案を考え始められます。浮かんだアイデアが特定した問題を解決するために機能しているかをテストで確認できます。評価的リサーチ（Evaluative Research）は、

デザインと開発の工程で継続的かつ反復的に行えるリサーチであり、とても大事なプロセスの一つです。最も一般的な評価的リサーチはユーザビリティテストですが、クライアントにデザインソリューションを提示することも、実質的に評価的リサーチを行っていることになります。

因果関係リサーチ：「なぜこれが起こっているか？」

提案したソリューションを実装し、ウェブサイトやアプリをリリースして提供し始めたら、想定とは異なる使われ方をされていたというのはよくあることです。あるいは、何か本当に素晴らしいことが起こっていて、その起こっていることを他の部分でも再現したいと思うかもしれません。こうした場合、因果関係リサーチ（Causal Research）が必要です。

因果関係を明らかにするのは難しいことです。因果関係リサーチには、アナリティクスや多変量テストの実施がしばしば含まれます（Chapter 10参照）。ユーザーがどこからサイトに流入し、どう移動し、何を検索しているかを確認するため、たどった経路を調べたり、より効果的なデザインや表現について様々な変更を試したりします。因果関係リサーチをすると、皆さんのサイトが検索エンジンのアルゴリズム変更や、多くの流入があったサイトの閉鎖などの影響を受けていることがわかるかもしれません。また、サイト内だけではなく、広く世界で何が起きているかを見る必要があるかもしれません。例えば、異常気象が顧客に影響を与えていたり、有名なコメディアンのジョン・オリバー（John Oliver）が皆さんのサイトについて言及している可能性もあります。

皆さんの問いと期待が明確である限り、リサーチの分類についてあまり悩む必要はありません。リサーチプロセスのあらゆる段階で、学習意欲を持ち続けることが重要です。さらに、チームで一緒に学ぶことの楽しさを共有することが大切です。すべてのリサーチは協力的なアプローチから恩恵を受けるのです。

■ 役割

リサーチでの役割は、個人のことではなく、ひとまとまりのタスクのことを言います。一人が複数の役割を担うこともあれば、一つの役割を複数の人が担うこともあります。役割と責任を事前に明確にしておくことが重要です。

立案者

立案者は調査を計画し、内容をまとめておきます。この内容には、問題と問い、そしてインタビューガイドまたはテストスクリプトが含まれます。チームで一緒に作業するのが理想です。学ぶことを共有することよりも、知らないことについての共通の理解を持つことのほうが、重要なときが多いです。

リクルーター

リクルーターは調査対象の候補者をスクリーニングし、適切な回答者を選択します。多くの組織ではリクルーティングを外部に委託しますが、主要なユーザーや顧客を選択する手法は、実際のユーザーや顧客へアプローチする方法へとつながっているので、組織で育成すべき重要なスキルです。

コーディネーター/スケジューラー

コーディネーターは、調査期間中の時間配分を計画し、セッションのスケジュールを立てます。これには、参加者とのスケジュール調整も含まれます。

インタビュアー/モデレーター

リサーチにインタビューやユーザビリティテストが含まれる場合、インタビュアーやモデレーターが、参加者と直接対話をします。

観察者

　クライアントやチームメンバーにとって、進行中のリサーチの観察は役立つことが多いです。観察者の存在がリサーチ自体に影響を与えない限り、観察することはよいことです。もし守秘義務を守れるのであれば、録画データを利用することもおすすめできます。

メモ係/記録者

　セッションは可能な限り録音・録画しますが、念のために誰かメモを取る人を用意し、時間も気にしてもらいましょう。メモを取る人が別にいることで、インタビュアーは参加者に集中でき、疲れた時に交代もできます。

アナリスト

　アナリストは収集したデータを分析し、パターンと洞察を探します。分析のバイアスを減らし、協働学習を推進するために、複数の人がこの役割を担うべきです。

ドキュメント作成者

　ドキュメント作成者は、リサーチが終わった後に、その結果を報告します。

　リサーチのたびに役割を変えることもできますし、情報収集に集中できるようなルーティンを作ることもできます。そうすることで、デザインやコーディングと同じように、リサーチを終えるたびに、次にもっと上手にやるためのアイデアが生まれます。そして、自分の仕事に学びを取り入れる新しいやり方を見つけられるでしょう。

　耳を傾ける、興味を持つ、質問する、明確に書く、そして練習すること。皆さんの普段の仕事が何であれ、リサーチスキルを身につけることで、より良い仕事ができるようになります。

■ リサーチプロセス

リサーチでの活動をプロセス化する方法は、Chapter3で詳しく解説します。ここで最も重要な点は、一緒に働く誰もが仕事の進め方の共通理解を持つことです。これはチェックリストなど、簡単な形式でも構いません。

自分たちのチームの取り組みをまとめる努力だけでなく、リサーチ自体について、クライアントや組織内の意思決定者から承認を得る必要があるときもあります。できるだけ早い段階で承認を得ることで、反対意見への対処に時間をかけることなく、仕事に集中できます。

反対意見に対処する

多くの組織には、リサーチを脅威や迷惑と考える人が一定数います。リサーチを進めるには、組織全体の合意を得ることが必要となるでしょう。

リサーチを行う目的は、意思決定をより確かなものにするためです。もし経営層の意思決定などがリサーチの結果よりも優先される場合には、リサーチの時間が無駄になります。リサーチへの支持を得る準備を、リサーチを始める前にすることが重要です。

■ リサーチは何も「証明」しない

「適切な種類のデータを十分に集められれば、リサーチに注目すべきと周囲に理解してもらえます。」という話をよく耳にしますが、結果は失望と徒労に終わることがよくあります。

皆さんは、分別のある探求者であり、エビデンスの提唱者として、厳しい現実を受入れ、立ち向かう必要があります。どれだけリサーチを重

ねても、エビデンスだけで人の心を変えられません。多くの人は、都合よく裏付けされた自分の考えに基づいて行動しています。ビジネスやデザインの世界では、エビデンスのない考えや偏見が毎日のように見られます。例えば競合の成功を表面的に模倣したり、自分たちに都合の良い意見を持つ専門家を重用したりするなど、多岐にわたります。

　エビデンスによって意思決定に影響を与えるには、既存の考えに対抗するのではなく、協調しなければなりません。結果が出る前に意思決定者に関心を持たせて、信頼関係を築くことが重要です。そうでなければ、皆さんのリサーチ結果が積み上がったとしても埃をかぶってしまうだけです。また、意思決定者に「リサーチ」という概念に関心を持ってもらう必要はありません。エビデンスを制約として受け入れてもらえれば十分です。私は「エビデンスに基づくデザイン」というスローガンが好きです。デザインがエビデンスに基づかないなら、「何に基づいているのか？」となってしまうからです。共有されたゴールと意思決定に注目し続けましょう。

■ 想定される反対意見

　ここからは、リサーチに対してありがちな反対意見と、それら反対意見への対処方法です。

時間がない

　皆さんは間違った仮説に時間を使う余裕はなく、誰の仮説が正しいか議論している時間もありません。鍵となる仮説は何ですか？　もし全部間違っていたら？　どれだけの作業をやり直さなければならないですか？　どれほどの時間がかかりますか？

　先行し、かつ継続的なリサーチによって、意思決定の根拠を得られるので、リサーチのあとに続く作業がより早くなります。個人同士の意見の言い争いや、間違った問題を解決しようとして無駄な努力をすること

ほど、デザイン設計や開発を遅らせるものはありません。リサーチはスモールスタートできます。数週間のリサーチは全体のスケジュールにほとんど影響を与えませんが、成功の可能性を飛躍的に高めます。

お金がない

リサーチをせずにプロジェクトを進めると、お金を失い、成果も得られないということになりかねません。時間とお金への反対意見は、多くの場合、リサーチに対する誤った理解を煙に巻くようなものです。予算が少ない、またはなくても、誰でも関連するリサーチをオンラインで見つけたり、主要なユーザーにインタビューしたり、簡単なユーザビリティテストをしたりできます。自分の仮説に対して批判的思考をする習慣にはお金がかかりません。習慣を変えることで大きな見返りが得られます。

専門知識がない

皆さんに必要なものは本書にあります！ 何かを作るための専門知識はあるのに、その作っているものが正しいかどうかを見極められないのはおかしなことです。確かにリサーチは技とスキルの集合体ですが、そんなことよりもマインドセットです。もし皆さんが莫大な投資を間違ったアイデアにするよりも、早く安く間違いが証明されるほうがいいと考えているなら、皆さんは正しい取り組み姿勢を持っています。

科学者でなければならない

　ここで話しているのは純粋な科学ではありません、応用研究です。ただ、優れた科学者に共通する資質をいくつか持っている（あるいは身につける）必要があります。

・皆さんの「知りたい」という欲求は、「予測したい」という欲求よりも強くなければなりません。そうでなければ、確証バイアス※7の混乱に陥り、元々思い込んでいることを裏付ける答えを探し求めることになります。

・仕事を客観視できるようになる必要があります。リサーチには、傷ついた感情や痛みは存在せず、発見あるのみです。

・コミュニケーション能力が高く、分析的思考に長けている必要があります。そうでなければ質問や報告書はわかりづらくなり、結果はますます悪化します。正しい姿勢さえあれば、ほとんどの人が身につけられるスキルセットです。

どうせCEOが決めるのだから

　独裁的な文化を変えるために戦いましょう。事実ではなく、質問によってです。より良い意思決定への第一歩は、責任者がどのように意思決定をしているのか、どのような情報を信頼しているのかを理解することです。もし意思決定者が本当に「事実など関係ない、全速前進！」という態度をとるならば、転職しましょう。

※7―確証バイアスとは、認知心理学や社会心理学における用語で、仮説や信念を検証する際にそれを支持する情報ばかりを集め、反証する情報を無視または集めようとしない傾向です。

一方のリサーチ方法が優れている（定性vs.定量）

何を見つける必要があるかによって、実施すべきリサーチの種類が決まります。簡単な話です。もし定性的な疑問があれば、定性的な方法が必要であり、結果は物語的な形で洞察（気づき）が得られます。定量的な疑問があれば、定量的な方法が必要であり、結局は測定が必要になります。ダグラス・アダムス（Douglas　Adams）が指摘したように、「42[※8]」は人生の意味に対する答えとしてはあまり役に立ちません。

たいてい、皆さんの疑問は定性・定量融合法（Mixed　Methods）をアプローチに示します。何が起きているのか（定性）、どのくらい起きているのか（定量）、なぜ起きているのか（定性）を知りたいのです。

インフラ環境が整っていない

特別なツールは必要ありません。普段、別の作業に使用しているツールやプロセスは何でも、情報収集に流用できます。Google ドキュメントと Google チャットを使えば、無料でもっとできます。皆さんはすでにノートパソコンを持っているか、借りて、インターネットにアクセスできるのではないでしょうか。それだけで十分なのです。

すべてベータ版でわかる

ベータ版？ それとも今は「ユーザー受入テスト」とでも呼べばいいのでしょうか？ 確かにベータ版でたくさんのことがわかります。どの機能が動作しているのか？ ユーザーは苦労せずコア機能を見つけられているのか？

しかし、そもそもデザインやコーディングを始める前に知っておけば役立つ情報はすぐにたくさん見つけられます。例えば、皆さんのプロダクトやサービスが解決しようとしている問題をターゲットユーザーがど

※8―ダグラス・アダムスの小説『銀河ヒッチハイク・ガイド』において、人生、宇宙、そしてすべての究極の質問の答えとして登場する数値ですが、その質問自体が不明であるため意味をなさない、という皮肉を込めた例です。

のように解決しているのか？ ユーザーはこのプロダクトを欲しがっているのか？ そして、皆さんの組織はそのプロダクトやサービスを提供するために必要なものを持っているのか？

　繰り返しますが、どこに投資したいのかと、何を失うかの問題です。もし避けられるのであれば、未検証の仮説で誰かの時間や労力を無駄にしないでください。

我々は既にその問題、ユーザー、アプリを熟知している

　もし、その知識が今の目標に対して最近のユーザーとのやり取りから得たものでないなら、新たな視点を向けることは有用でしょう。慣れは思い込みや盲点を生みます。加えて、あなたがユーザーを熟知しているならば、話を聞く相手を何人か見つけるのは簡単でしょう。

　また、この場合の「我々」とは誰でしょうか？「マインド・メルド（Mind Meld）」（映画『スタートレック』でミスター・スポックが考えを他人とシェアする能力）がなければ、クライアントのユーザーに対する経験やビジネス上の課題はデザイナーには伝わりません。リサーチを行った人と話しても、リサーチに対する彼らの解釈が得られるだけです。共通の理解が鍵となります。

リサーチがプロジェクトのスコープを変える

　いきなり新しい情報がゾンビのように飛び出してきて驚かされるよりは、最初にスコープを意図的に調整するほうがよいでしょう。リサーチには、予期せぬ複雑さに対する優れた予防効果があります。

リサーチはイノベーションの邪魔になる

　現実の世界との関連性が、「イノベーション」と「発明」を分けます。人々がなぜ、どのように今日の行動をとるかを理解することは、新しいコンセプトを明日の生活に取り入れるために不可欠です。

■ 反対意見の背景にある本音

　反対意見の根底にあるのは、怠惰と恐怖心が混じり合った特別な感情です。

煩わされたくない

　生まれつき人に対する好奇心が旺盛でない限り、最初はリサーチが煩わしい宿題のように思えるでしょう。しかし一度その気になると、リサーチは楽しく、役に立つものだと気づきます。ちょっとした知識で、解決すべき新たな問題と、目の前の問題を解決する新しい方法を切り開き、仕事をやりがいのあるものにします。

　もしリサーチが、すでにぎりぎりのスケジュールにもう一つ放り込まれたものだとしたら、「誰がこれをやるべきか」ともう一度考える必要があります。しかし、問題は忙しすぎることであって、リサーチが重要でないことではありません。リサーチは、プロセスやワークフローに組み込まなければ、隅に追いやられる可能性があります。もしプロジェクトにプロジェクトマネージャーがいる場合は、うまくいく方法を見つけるために話し合いましょう。

間違えるのが怖い

　個々の天才的なデザイナー、開発者、起業家を崇拝する文化は今も根強く残っています。一部の「カリスマが一番よく知っている」という文化では、リサーチをしたがることは自信の無さや弱さの現れと思われかねません。このような文化に立ち向かいましょう。質問することは怖いことであると同時に、勇気と知性の現れであることを受入れましょう。間違いが早く証明されればされるほど、間違っていることに費やす時間は短くなるのです。

人と話すのが苦手

　皆さんは本当に人々が使わなければならないシステムやサービスを創ろうとしています。システムは皆さんの代わりに人々と会話をするのですから、皆さんがシステムの代わりに人々と会話をするのは当然のことです。とはいえ、チームの中には、調査対象者と接することが、より得意でスキルのある人もいるでしょうから、誰が何をするかを決める際には考慮してください。

　仕事に取りかかる前に、異議や反対意見に対応しなければならないのは時間の無駄に感じるかもしれません。しかし、その対応自体が役に立つ事もあります。リサーチの価値を理解していない人々にリサーチのゴールと可能性を説明することで、皆さんが何に集中して明らかにしたいかを明確にします。

　リサーチから得られるのはインプットの一部分にすぎません。得られた情報に基づき、目的をもってリサーチを反復することが、成功するデザインの鍵になります。

リサーチにはコラボレーションが必要

> 成功するデザインプロジェクトには、効果的なコラボレーションと健全な対立が必要です。
> —ダン・ブラウン（Dan Brown）『Designing Together』

　デザインプロジェクトは決断の連続です。そしてリサーチは、エビデンスに基づいた決断へ導きます。しかし、エビデンスに基づいた決断を下すには、全員が共有しているゴールに向かって協力する必要があります。ゴールを明確にし、理解を深め、対立を解決する努力をしない組織は、その場で最も影響力のある人の個人的な好みに基づいて重要な決定を続けるでしょう（どんなに良いリサーチであっても）。

コラボレーションがない環境にリサーチを取り入れようとするのはよくありますが、逆効果もあります。ある一つの場所で学習が行われ、また別の場所でデザインが決定されます。ときには、チームの文化は別々であり、別々の建物で行われることさえあります。リサーチの報告書やプレゼンテーションは現れては消えていきます。経営者が「リサーチをしてみたが何の成果も出なかった」と主張する原因はたいてい、コラボレーションの不足によるものです。

コラボレーションがうまくいけばいくほど、組織は継続的な学習を取り入れられます。そして、間違った仮説に大きな投資をするリスクは低くなります。

■ コラボレーションの美徳

コラボレーションは勝手に起こるものではありません。10年間、毎日誰かと並んで働くことはできても、本当の意味で一緒に仕事はしていません。そういった行動を変えるには、意思と動機が必要です。何より重要なのは、明確で共有された目的です。

ダン・ブラウン（Dan Brown）は著書『Designing Together』の中で、コラボレーションの原則として4つの美徳を概説しています。

・**明確さと定義**：考えを明確に表現する
・**結果に対する責任とオーナーシップ**：理解し、責任を取る
・**認識と尊重**：同僚と共感する
・**率直さと正直さ**：真実を述べ、受け入れる

4つの美徳が普段のやり取りの中で表現されている限りは、皆さんの環境はコラボレーティブです。もし、明確さがないまま仕事が進んだり、失敗を非難し続けたり、同僚に無礼なことをしたり、本音を言うことを恐れたりするのであれば、本当の意味でのコラボレーションではありません。

ダン・ブラウンが、美徳を体現するために必要と述べているいくつかの習慣は、有用なリサーチを行うために不可欠な行動です。すべてのリサーチやデザイン作業において、これらの習慣を取り入れましょう。

・計画を立てる
・意思決定の根拠を示す
・役割と責任を明確にする
・期待値を設定する
・進捗状況を伝える
・パフォーマンスを振り返る

　明確な質問をすることによって、こうした行動は誰へでも促すことができます。フリーランスや契約社員として入社し、チームの一員として働くのであれば、仕事が始まる前にコラボレーションと意思決定の方法について尋ねてください。皆さんが影響力のある立場にいるのなら、指示を出すだけでは不十分であることを忘れないでください。人は他人に従って、ただ仕事を続ける方が居心地が良いですが、重要なのは、居心地の良さを維持することではありません。

■ 対立への恐れ

　コラボレーションに反対する理由の一つに、集団思考や合意によるデザインにつながるというものがあります。しかし、反対する理由は正しくありません。集団思考は、対立を恐れて、見せかけの合意を保持しようとする場合に起こります。意見の対立はチームが一致していないことを気づかせ、共通の理解を得る機会を与えてくれるとダン・ブラウンは述べています。健全な対立はコラボレーションに不可欠です。デザイン上の決断に異を唱えることは、決断をより強固なものにします。「それは本当に良いアイデアですか？」と誰も問わなかったために、世の中に出してしまった悪いデザインを想像してみてください。

機能的な組織では、全員で成功を目指してお互いを尊重するため、個人が傷つくことなく意見の対立を解決します。優れたデザインを作るには、良い決断が必要です。そして、良い決断をするためには、全員が共通の理解を持つことが大切です。

■ 優れたプロダクトを、もっと早く

　リサーチが物事を遅らせるという誤解は、特に急成長するスタートアップや、イノベーションに不安を抱く企業でよく見られます。しかし、実際にはエビデンスに基づく共通認識をもって仕事を進めることで、より迅速な意思決定ができます。急いで間違ったプロダクトをリリースし、あとで修正することほど時間がかかることはありません。

　リサーチに関心を持つように誰かを説得することは不可能であり、やってはいけません。まずは、全員がより優れたプロダクトをもっと早く作りたいという合意から始めましょう。その合意を実現するためにはどうすればいいかを話し合います。チーム全員が明確なゴールと役割分担、合理的なスケジュール、潜在顧客とそのニーズについて知っていることと知らないことを認識するのが重要です。リスクを減らすためには、継続的な質問と学習を最初からプロセスに組み込む必要があります。

■ アジャイル開発チームとの協働

　アジャイル開発は、生産的で協力的な環境を作り、より早く優れたソフトウェアを開発するための一般的な手法です。伝統的な開発は数ヶ月から数年かけてプロジェクトを分けるのに対し、アジャイル開発では通常、2週間から3週間の短期サイクルを繰り返すことが一般的です。

　アジャイル・マニフェストは、「計画に従うことよりも変化に対応すること」を重視しており、デザイン設計のアプローチとは異なるように見えます。しかし、複雑なプロジェクトやアイデアの場合、プロセス外

でアイデアを練り、詳細な計画を立てる必要があります。アジャイルの柔軟性や変更への適応力は価値ある美徳ですが、計画の重要性も無視できません。両方をうまく組み合わせることが成功の鍵となります。

　ユーザーエクスペリエンスの観点から見ると、アジャイルの課題は、プロセスに重きを置きすぎていて、成果に十分に注目していないことです。アジャイルは、何を構築するかについてのアドバイスは提供せず、どのように構築するかにのみ焦点を当てています。チームが効率的に、そして楽しく多くのものを共に作ることはできるかもしれませんが、作ったものの成果が最良で、実際のユーザーのニーズに応え、市場で競争力を持つかどうかをどのように判断するのでしょうか。

　もしフレームワークがなく、常に状況に応じて対応しているだけなら、いくつかの基本的な方針が必要です。どの顧客の意見を重視しますか？　その理由は何ですか？　どのユーザーストーリーを優先すべきでしょうか？　最終的に何を目指しているのでしょうか？

　リサーチは、素早く開発し、絶えず成果を出すことを両立できます。最初は背景や戦略、全体的なフレームワークについてある程度の準備が必要です。その後、作業の進行に合わせて継続的にリサーチを行う必要があります。

　直感に反するように聞こえるかもしれませんが、最も効果的なアプローチは、リサーチ計画を開発プロセスから切り離すことです。観察ガイドやインタビューガイド、録音機器、分析のための質問など、基本的なツールやプロセスが整っていれば、実際の質問やプロトタイプをあとから段階的に組み込むマッドリブス[9]のようなアプローチを取れます。

　ジェフ・パットン（Jeff　Patton）は、「アジャイル開発にUXワークを加えるための12の新しいベストプラクティス[10]」という記事で、こ

※ 9―あらかじめ用意された物語の空欄に入れる適当な言葉を、一人が別の人にまとめて言ってもらい、完成した文章を読み上げてみんなで楽しむ言葉遊びゲームです。

※ 10―リンクはサポートサイトを参照してください。

の継続的なユーザーリサーチプロセスについて説明しています。彼は、次の3つのポイントを整理してまとめています。

・価値の高いユーザーを優先する
・データの分析とモデリングを迅速かつ協力的に行う
・緊急性の低いリサーチは後に回し、ソフトウェア構築中に完了させる

　要するに、重要なユーザーのグループだけに焦点を絞り、データを得たらすぐに処理し、チームを分析に参加させ、重要度の低いことは後回しにするということです。

　3つのポイントに基づくと、最も価値の高いユーザーは誰か、緊急性の低いリサーチ活動とは何か、という疑問が生じます。プロダクトの成功への鍵となる重要なユーザーのグループや、チームのソフトウェア開発者とは大きく異なるユーザーのグループを優先して学びましょう。

　リクルーティングとスケジューリングは最も難しい部分なので、常に募集をかけましょう。例えば3週間ごとに異なる参加者とのインタビューを予定します。参加者が集まったら、次の開発サイクルの前に、参加者の行動を理解するためのエスノグラフィックインタビューやアプリケーションの現状を評価するユーザビリティテストを実施できます（Chapter5 参照）。

　初期のユーザーリサーチと分析結果から学んだことを使ってペルソナを作成し、ハイレベルスケッチやユーザーストーリーを作りましょう。また、チームが特定の機能に取り組む際、特にエンジニアリングが複雑な場合には、追加の評価的リサーチを組み込むことが重要です。

　開発サイクルを通じて、デザイナーはリサーチを潜望鏡のように活用し、ユーザーや競争機会に関する新たな洞察を発見します。そして、準備ができたらユーザビリティテストを実施します。

必要十分な厳格さ

　プロのリサーチャーはジャーナリストと似ています。観察、分析、執筆のスキルを持つ人は多いですが、プロとの差は、一連の基準に忠実であるかどうかです。プロとしての自覚を持ち、礼儀正しく、留意すべき責任がいくつかあります。

■　バイアスへの注意

　どんなリサーチにも必ずバイアスがあります。皆さんの視点は、習慣、信念、態度によって影響されています。計画、実施、分析するリサーチにも、少なからずバイアスがかかります。参加者のグループは完全なグループの代表ではなく、データ収集にも歪みがあるかもしれません。分析も解釈によって影響を受けるでしょう。

　でも、諦めないでください！　バイアスを完全になくすことはできませんが、リサーチプロセスや結果における潜在的なバイアスや顕在的なバイアスに気づくだけで、適切に結果を評価できるようになります。訓練された目がなければ、以下のチェックリストを使うか、自分のチェックリストを作成し、厳しく採点しましょう。

デザイン設計に潜むバイアス

　ここでの「デザイン」とは、リサーチの計画、構成、実施方法を指します。これは、バイアスに気づかなかったり、個人的なゴールや好みで情報を採用したり省いたりすることで、リサーチに忍び込んでしまうバイアスのことです。

サンプリングのバイアス

　もし、科学に興味のある親に向けたアプリが、男女を対象としている

のに、リサーチ対象がすべて女性なら、それは偏ったサンプルです。も
し訪問後にアンケートを任意で提供した場合、アンケートへ回答するの
を選択した人は、訪問者全員の中でも自己選択バイアスにかかったサン
プルで、たいていは、自分の主張を持っています。連絡先のデータベー
スに表示された良いフィードバックを返した顧客だけにインタビューす
るのもまた極端に偏ったサンプルとなります。

　ある程度のサンプリングのバイアスは避けられません。ランダム・サ
ンプリングでさえ、完全なランダムではありません(サンプリングにつ
いてはChapter9を参照)。どのように調査結果を一般化するかに注意
すれば、サンプリングのバイアスに対抗できます。

インタビューのバイアス

　バイアスのないインタビューを行うのは難しいことです。自分の意見
は簡単に入り込んでしまいます。インタビュアーはできるだけ中立を保
ちましょう。

　信頼関係を築こうとしているとき、特にインタビューの出だしに気を
つけなければいけません。もしかしたら、プロジェクトのある側面にと
てもインタビュアーは熱狂的かもしれません。内部チームでインタ
ビューの練習と評価が、中立的なインタビューのスタイルを身につける
最良の方法です。

スポンサーのバイアス

　スポンサーのバイアスは、オンサイトラボ（実験室）でのユーザビリ
ティテストで最大の問題の一つです。なぜなら実際の現場に行くのは特
別な感じがして、参加者はわくわくしたり、あるいは気が重くなったり
するからです。もし、ある組織が施設に皆さんを招待し、おやつを出し、
小切手を書いてくれるなら、皆さんの評価が優しくなる可能性は十分に
あります。ごまかさずにスポンサーのバイアスを減らすには、評価資料
に表示されるまで、または表示されない限り具体的な企業名は出さずに、

組織と調査のゴールについて一般的な説明をします。

社会的望ましさのバイアス

　誰もが自分を最もよく見せたい、好かれたいと思っています。インタビュアーに対して、歯みがきをしていなかったり、クレジットカードの請求額を毎月返済していなかったりするのを認めるのは難しいかもしれません。参加者は時に、自分が最もよく見えるように答えます。正直さの必要性を強調し、守秘義務を契約してください。具体的な質問をする時は、早すぎたり、タイミングを間違えたりしないように気をつけましょう。多くの場合、一般的な話題（家族の日課など）について尋ねると、警戒的な反応を引き起こすことなく、よりデリケートな話題へと自然につながっていきます。

ホーソン効果

　調査対象者の行動は、皆さんがいるだけで変わるかもしれません。日中、普段はふざけておしゃべりしているスタッフが、皆さんが仕事の流れを観察するためにうろうろしていると、黙ってファイルを整理するかもしれません。背景に溶け込むよう最善を尽くし、調査対象者に普段通りの一日を送ってもらいます。このバイアスは、20世紀初頭にイリノイ州シセロのホーソン工場で行われた生産性実験で発見され、「ホーソン効果」と名付けられました。

知識の呪い

　一度何かを知ってしまうと、その何かを知らない状態を想像することは不可能になり、知識の少ない人々とその話題についてコミュニケーションすることを難しくしています。医師は、血管迷走神経性失神を経験したことがあるかどうか尋ねるかもしれませんが、ほとんどの人が「失神」と名称についてることを忘れています。知識の呪いはリサーチをする理由であると同時に、インタビューの質問を作る際の注意点でも

あります。

　知識の呪いとはまるで『ドクター・ストレンジ』の呪いのように聞こえますが、知識の呪いは行動経済学者のコリン・キャメラー（Colin Camerer）の造語です。コリン・キャメラーは経済実験[11]としてレコード会社を立ち上げ、デッド・ミルクメン（Dead Milkmen）[12]と契約した人でもあります。それゆえ、この用語はなおさら意味深い言葉です。

■ 検証を探求する

　「検証（バリデーション）」という言葉は、まるで昼休みに駐車料金を払いすぎてみんながストレスを感じているかのように、デザインや開発の場で飛び交います。この用語はコンテキストで特定の意味を持ちますが、実際には「私は学んだフリをしてチェックボックスにチェックを入れて進めたい」と訳されることが多いです。

　ソフトウェア工学の品質管理標準に従うのであれば、「検証と妥当性確認」は、プロダクト、サービスまたはシステムが仕様を満たし、定義されたエンドユーザーかステークホルダーの期待を満たすかをチェックする一連の手順です。この種の検証は、しばしば「私は正しいプロダクトを作っているか？」という質問にまとめられます。実際のプロダクトを手にするまでこの質問に答えるのを待つのは、かなり危険に思えます。

　仮説検証型デザインの一環として、主要な仮説を検証されるべき仮説に変えることがあります。例えば「顧客が各プロダクトのCO_2排出量を知っていれば、消費に関する意思決定は変わると私たちは信じています」のような仮説です。仮説を検証するには、消費習慣について顧客に

※11─経済実験とは、仮想環境で経済活動のデータを生成して検証する実証方法です。　経済実験では、経済に関する意思決定やアンケートへの回答などの簡単なコンピューター作業を行います。

※12─デッド・ミルクマンは、1992年にアルバム「SOUL ROTATiON」をリリースしたポストパンクバンドです。

インタビューしたり、プロトタイプのカタログをテストしたりするなど、いくつかの方法があります。

しかし、UXに関しては、「デザインを検証する」という言葉は避けてください。「デザインを検証する」は、皆さんのゴールが学ぶことではなく、正しさを証明することだと思わせてしまいます。些細なことのように思えるかもしれませんが、否定的なフィードバックを失敗やゴールへの未達と同一視すれば、チームの誰もが肯定的なことのみを強調するようになり、結果として得られる学びを弱くします。

ニールセン・ノーマン・グループのカーラ・パーニス（Kara Pernice）は、次のような素晴らしい提案をしています。

> 「検証」という言葉が皆さんやチームにとって外せない要素である場合、検証という言葉の先入観を軽減するために、「無効化（invalidate）」という言葉を組み合わせることを考えてみてください。例えば、「デザインをテストして、検証または無効化（有効ではなかったと）しましょう」といった具合です[13]。

正しいと証明されるのは心地よいことです。確証バイアスはあらゆるところに潜んでいます。肯定的な出版バイアス（Publication Bias）は、科学研究における大きな問題です。肯定的な結果を得た研究は、文献に過剰に掲載されています。皆さんのプロセスに確証バイアスをあえて取り入れないようにしてください。強い意志を持ち間違いを証明することを目指しましょう。長い目で見れば、はるかに正しい方向へ進みます。

※ 13—リンクはサポートサイトを参照してください。

■ リサーチの倫理

夕食に何を食べるかをどうやって決めるか、または道順を見つけるために携帯電話をどのように使用するかを尋ねることで、どんな害が生じるでしょうか？ 私たちは危険な新しい抗ガン剤の臨床試験について話しているわけではありません。すべてのリサーチは、リサーチに参加する人々の個人情報を倫理的かつ良心的に管理する必要があります。参加者を欺いたり傷つけたりせずにリサーチを進めることは、私たち専門家の責任です。

リサーチを行う際には、以下の倫理的な注意事項を常に気にしてください（より詳細なガイドラインについては、15ヶ国語に翻訳されたICC/ESOMAR Code on Market and Social Research[14]を参照してください）。

■ プロジェクト全体

言うまでもないかもしれませんが、それでも言うに値します。皆さんの全体的なゴール、つまりリサーチが貢献しているプロジェクトは倫理的ですか？ 皆さんの成功が他人に害を及ぼすことになりますか？ もしそうなら、プロジェクトに参加しないでください。自分の立場をよく考えるべきです。女性を対象としたリサーチが一見問題ないように見えても、そのプロジェクトが危険な副作用のあるダイエット補助食品を勧めるのであれば、間違っています。

※14—リンクはサポートサイトを参照してください。

■ リサーチのゴールや方法

リサーチでは、特定の情報を参加者に伏せる場合があります。こういったことは普通は無害です。例えばデザイン中のプロダクトの説明を非表示にする場合などです。しかし、ときどき問題になることもあります。本当の情報を隠すことで、参加者が普段なら同意しないような活動へ巻き込むこと、現実とかけ離れた期待を持たせること、間違った情報を本当の情報のようにあたえることがあります。

■ 同意、透明性とプライバシー

インフォームド・コンセントは基本的な原則です。参加者は、リサーチの目的や、自分の情報の収集、使用、共有方法を事前に理解し、同意しなければなりません。他人に観察される場合は、事前に伝える必要があります。リサーチ参加者が正常な判断力を持ち、参加に同意する能力があることを確認してください。

ユーザーデータの使用と悪用は、インターネット技術における最も重大な問題の一つです。特に、Facebookはこの問題に深く関与しています。2014年、研究者たちは689,003人のユーザーのニュースフィードを操作して、ポジティブな投稿やネガティブな投稿が気分にどのような影響を与えるかを調べる心理実験を行いました。その実験の論文のタイトルは「Experimental evidence of massive-scale emotional contagion through social networks（ソーシャルネットワークを通じた大規模な感情伝染の実験的証拠）[15]」です。良い試みです。この実験は、Facebookがデータ使用ポリシーに「リサーチ」を含むように変更する前に実施されました。素晴らしく、かっこいいことです。

※ 15―リンクはサポートサイトを参照してください。

営利目的のウェブサイトは、暗黙の了解に基づいて運営されています。すべてのサイトやアプリには、誰も読まない利用規約があります。A/Bテストと異なる情報を異なる人に提示し、操作された内容や差別的な内容への反応を勉強することの間には、微妙な境界線が存在します。前者のA/Bテストはシステムのパフォーマンスをテストするのに対し、後者はシステムの違いが人間にどのような変化をもたらすかの反応を学習しています。

未成年者は法的に暗黙の了解では同意できません。未成年者を対象としたリサーチを行う際には親または保護者の同意が必要です。米国では、未成年者がリサーチに参加するための保護者の同意が必要な年齢は州によって異なるため、18歳未満の参加者については保護者からの同意を得ることが望ましいです。子どもたちに直接感情や経験を尋ねるインタビューや調査、子どもたちの行動を観察する状況、または未公開の情報源から得た個別の子どもに関する情報を分析する場合も当てはまります。

■ 基本の安全性

事前に参加者に求められることを明確に伝え、参加者が快適で過度な負担を感じないよう確認しましょう。また、家庭や職場での観察がリスクや危険をもたらさないようにしましょう。例えば、小さな子どもの世話をしている場面を観察する場合、自分の行動が適切な世話を妨げたり、注意を逸らしたりしないように気をつけましょう。

全ての人々の安全のために、参加者、インタビュアー、また観察者であっても、絶対に運転中に電話インタビューを受けたり実施したりしてはいけません。誰にとってもこれは重要です。もし誰かが運転中に電話を行っていることが判明したら、すぐに通話を終了します。必要であればメールや他の手段を利用してフォローアップを行い、スケジュールを変更しましょう。安全第一です。

■ 謙虚になる

　リサーチャーのビビアン・カスティーヨ（Vivianne　Castillo）は、UXリサーチにおける共感と羞恥心の関係を説明しています。「Ethics & Power: Understanding the Role of Shame in UX Research（倫理と権力：UXリサーチにおける羞恥心の役割を理解する）[16]」の中で彼女は、共感という言葉があまりにも浅はかな決まり文句になってしまっているのが多いのは、リサーチャーが自分の特権を深く考えず、結果として同情を共感だと誤解しているのが原因だと述べています。

> 「プライド」のせいで、まるで「共感」が参加者と一緒にいるときだけ共有されるかのように錯覚させ、ユーザーリサーチのいくつかの「経験談」があざ笑う口実と私たちは気づかなくなります。

　カスティーヨによれば、リサーチ対象者と真の共感を育むためには、自分のプライドや恥をかいた経験に気づき、対象者も同じような恥をかいた経験をしているかもしれないと認識することが大切だと述べています。プライドを捨て、時間をかけ、弱さを受け入れることによってのみ、信頼関係を築き、対象者に対する責任が果たせるようになります。

※ 16―リンクはサポートサイトを参照してください。

■ 便利なチェックリスト

　著名な社会学者マイケル・クイン・パットン（Michael　Quinn Patton）の倫理的調査のチェックリストは、スタートに適しています。以下の「定性調査と評価方法」は、チェックリストからの引用です。

・リサーチの目的と方法を、参加者が理解できるよう明確に説明します。
・個人と社会全体の両方に対する利益を説明します（例えば、「あなたのような人々により良いプロダクトを設計するために、ご協力ください」など）。
・参加者に対するあらゆるリスク（社会的、身体的、心理的、金銭的など）に注意します。
・可能な限り、お互いに秘密を守ることを約束し、実現できる範囲を超えた約束はしません
・必要であれば、インフォームド・コンセントを取得します。
・データにアクセスする人とその目的を決めます。
・調査の実施によってインタビュアーがどのような影響を受けるかを話し合います。
・倫理的な問題や疑問が生じた際に相談するための専門知識やアドバイスの情報源を特定します。
・参加者が回答することを嫌がった場合、どの程度までデータを集めるかを決めます。
・最低限のルールに従うだけでなく、精神面でも倫理的に進めるよう、専門的な倫理規範と哲学を定めます。

　プロジェクト管理ソフトの使い方を数人の顧客と話をするだけなら、上記のチェックリストはやり過ぎのように思うかもしれません。しかし、私たちが作っているシステムの複雑さを考慮すると、注意を払わなければすぐに倫理的なグレーゾーンに足を踏み入れてしまいます。猫の写真

を共有するプラットフォームを作ることと、監視資本主義※17に関わることまでの距離は思ったより近いのです。だからこそ、すごく単純に見えるプロジェクトの初期段階から、良い実践方法に従うのがベストなのです。

■ 懐疑的になる

　個人のオンライン上の行動から情報を収集するには倫理的である必要があるだけでなく、オンラインに投稿されたものすべてが真実や現実を表しているわけではないことを忘れず、警戒を怠らない必要があります。

　多くの質問をする習慣を身につけましょう。すべての前提を疑い、事実確認をする必要があるかどうかを判断しましょう。常に脅威や潜在的な失敗の可能性に目を光らせていれば、皆さんとプロダクトはより強くなります。

　この習慣はいつも役立つ批判的思考のアプローチです。自分がどれだけ知識不足であるかを自覚し、その知識不足が何を意味するかを理解することが重要です。自身の限界を認識することは、その範囲内で、できる限り効果的に行動するための第一歩です。

※17―企業による個人データの広範な収集と商品化を指す政治経済概念です。

ベストプラクティス

　人々が修士号や博士号を取得し、プロのアナリストやリサーチャーになる理由は様々です。企業が彼ら専門家を雇用することで多くの利点があります。専門的な教育とトレーニングを受けたリサーチャーは、深い好奇心と、幅広い知識を持っていて、倫理的かつ方法論的に信頼できるリサーチを実施するための学術的・専門的な経験を積んでいます。

　したがって、デザイナーや開発者が自分でするのではなく、訓練を受けたプロフェッショナルを雇用する理由は十分にあります。次のケースでは雇用すべきです。

・大規模で複雑なプロジェクトがある場合。
・大規模で複雑な組織に関わる場合。
・複雑で繊細なテーマを扱う必要がある場合。
・子どもやヘッジファンドマネージャー、または受刑者のような、非常に特殊で対応が難しいユーザー層がいる場合。
・組織内に悪質な政治的問題が存在する場合。
・新しいスキルや業務を習得する時間や意欲がチームメンバーに不足している場合。

　訓練を受け熟練したプロのリサーチャーは厳密さを持ち合わせています。彼らはチームの情熱や上司の個人的な好み、よくある気まぐれやプレッシャーにも耐えつつ、的確な批判的思考を発揮できます。中でも、最高のリサーチャーは、ミスター・スポック[18]のような存在であり、論理的思考を持ちながら、ユーモアと人間性を兼ね備えています。そして、厳格さが求められる一方で、柔軟性も同じくらい重要です。

　専門的なトレーニングを受けたプロがいない場合、どうやって十分な

※ 18―ミスター・スポックは、『スタートレック』シリーズに登場する人物で、ヴァルカン人と地球人のハーフです。

厳格さを保てばいいでしょうか？　公の場で無謀な挑戦をするのは素人のやることです。仕事で思わぬトラブルに巻き込まれないためには規律とチェック体制を整えるべきです。

　アメリカで最も偉大なアマチュア、ベンジャミン・フランクリン（Benjamin Franklin）の方法、「規律とチェックリスト」を取り入れましょう。

　規律を守るためには、悪い習慣や不適切な思考、他者の弱点に常に注意を払う必要があります。チェックリストは、他人の経験を自分の経験に代え、混乱の中でも冷静な思考を保つのに役立ちます。正当な理由がない限り、チェックリストから逸脱しないことが重要です。

　これが最初のチェックリスト、ベストプラクティスです。暗記するまで何度も繰り返しチェックし、目につくところに貼っておきましょう（記憶に頼る必要はありません）。

1. 質問を明確にする

　この質問というのは、具体的な質問ではなく、皆さんが解決しようとしている大きな問いを指します。皆さんが何を見つけ出そうとしているのか、その理由を明確に理解し述べることができない限り、応用研究は無意味です。

2. 現実的な期待値を設定する

　リサーチを成功させるには、関係者全員の期待値を揃えます。期待値を揃えるには、解決すべき課題、使用するリサーチ方法、リサーチ結果に基づく意思決定が含まれます。特に、時間や予算の要求が伴う作業では、とても重要です。リサーチの成果がステークホルダーの期待に応えられなければ、ステークホルダーは時間とお金を無駄にしたと思うでしょう。チームメンバーやマネージャーにステークホルダーが何を期待しているか聞き、何を期待していいかを伝えてください。

■ 3. 準備する

　リサーチは料理に似ていて、下準備をしっかりすればするほど、作業はより速く効率的に進みます。準備を怠ると、大混乱や問題発生のリスクが高まります。始める前に、プロセスと材料を整理し、必要に応じて繰り返し使えるように、準備しておきましょう。

■ 4. 分析に十分な時間を確保する

　物事を上手に進めるには時間が必要です。リサーチの後、あるいは途中であっても、情報を解釈するのに十分な時間を取らずに解決策に走ってしまうことがあります。情報の解釈に少し時間をかければ、後で大幅に時間を節約できます。

■ 5. 記憶に残し、やる気を起こさせる

　メモがなければ、出来事は記録に残りません。効果的なリサーチでは、結果と提案事項を他の人と共有することが不可欠です。良い報告書は、作成も読解も簡単であるべきです。重要なのは、リサーチに基づいて意思決定者へ明確で十分な情報を提供することです。紙1枚でも十分な場合もあります。

　リサーチの目的は、意思決定に役立つ情報の提供です。必ずしも専門的なコミュニケーション・チャンネルや文書が必要ではありません。大事なのは、意思決定者が必要とする前に洞察を届けることです。組織内で最も効果的なコミュニケーション方法を調べ、すでにうまくいっている方法を模倣しましょう。

　自分でリサーチをして時間とお金を節約しようとしているかもしれませんが、自分自身とチームに対して自分の能力について正直（客観的）であることが大切です。さもないと、時間とお金の両方を無駄にするリ

スクがありますし、誤った情報を広めてしまい、リサーチが仕事に不可欠であるという組織全体の評判を下げることになりかねません。

約束できますか？ 素晴らしい、進みましょう。

リサーチはどこまで行えば十分か？

> 世の中には、「知っていると知っていること」があります。また、「知らないと知っていること」もあります。つまり、私たちが「今知らないことがあることを知っている」ということです。しかし、「知らないことを知らない」場合もあります。
> ―ドナルド・ラムズフェルド（Donald Rumsfeld：元アメリカ国防長官）

リサーチは、デザインに必要な明確さと自信を与えるだけでなく、リスクの軽減にも欠かせません。このリスクとは、間違っていることが明らかになった仮説に頼ったり、ビジネスやユーザーにとって最も重要なことに焦点を当てなかったりすることで発生します。その中でも、いくつかの仮説は他よりも大きなリスクを伴います。

時間を有効活用し、本当に必要なものだけのリサーチをするためには、最も優先順位の高い質問、つまり最大のリスクを伴う仮説を特定しましょう。

例えば、皆さんの掲げたビジネスゴールを前提に、今から6ヵ月の間に下記のことに気づいたら、どのような潜在的コストが発生するのか、どのような悪いことが起こるでしょうか？

・誤った課題を解決しようとしていることに気づいた。

・プロジェクトに対する組織のサポートを見誤っていた。

・あると思っていた特定の競争上の優位性が実際にはないことがわかった。または競合他社に真似される前に特定の競争上の優位性を見いだ

せなかった。

- 自分たちが熱中した機能の開発に取り組んでいたが、実は最も重要な顧客にとってはその機能はあまり重要ではないことがわかった。
- 最も重要なユーザーのニーズを捉えていなかった。
- 自分たちが使用しているラベル（名前や分類）を実際にはユーザーは理解していなかった。
- ユーザーの環境の重要な側面を見落としていた。
- 見込みユーザーの習慣や好みについて誤っていた。
- 自分たちのプロダクト、サービス、システムが、想定していない方法で誤用されていた。

　もし実際のユーザーを満足させるわけではない技術的な概念実証（PoC）のように、仮説に関連したリスクがなければ、その仮説のリサーチに時間を費やす必要はありません。

　一方で、「新しいデザインが成功するかどうかは、オンラインで買い物をするユーザーが、自分が買ったものをオープンに共有することに価値を見出すかどうかに依存する」という仮説があったとします。デザインや開発を始める前に、オンラインで買い物をするユーザーのソーシャルシェアの習慣や動機を理解するためのリサーチをします。あるいは、前向きな仮説に基づいてデザインを進め、その後の展開の観察もします。ただし、このアプローチの場合には時間、費用、そして組織の評判にリスクが伴うことを認識しておくべきです。

　オンラインショッピングの利用者をよく理解し、仮説を検証し、実際のユーザーの優先順位をデザインに反映することで、リスクを軽減できます。さらに、同じユーザーに対して、もっと価値のあるデザインを提供する機会を発見できるかもしれません。

　潜在的な後知恵（失敗して学ぶこと）を前向きな予測（価値の提供）に変えるのに必要なのは、周りをよく見て、正しい質問を投げかけることです。失敗することだけが学ぶ方法ではありません。

満足のいくクリック感

　どれだけのリサーチを行っても、「知っていればよかった」と思う瞬間はあるでしょう。デザインが世の中に出て初めて明らかになることもあります。デザインは反復的なプロセスであり、新たな疑問が次々と湧いてくるものです。リサーチによってわかることもあれば、デザインプロセスを通してのみ解決できることもあります。リサーチにおいても、正しい答えにたどり着くには、何度か誤ったアプローチを試すことが必要です。そして、世の中の何かが変われば、正しいものもまた間違ってしまいます。重要なのは、自分が十分な情報を収集し、インスピレーションを受けたと感じるまで、試行錯誤を続けることです。本書の内容では、未知の領域に挑戦する際のスターターキットを提供することしかできないということを強調しておきます。絶えず学び続け、新たな知識とインサイトを獲得し、デザインプロセスを進化させることが不可欠です。

　とはいえ、十分なリサーチが行われていることを知る一つの方法は、満足のいく「クリック音」を聞くことです。これは、解決すべき問題に対する明確なアイデアと、ソリューションに向けて必要な情報が揃って、パズルの欠片がうまくはまり始める感覚を表現しています。マウスのクリック音ではありません。このクリック音は、抱えてる問題の性質や関与する人々によって様々なタイミングで現れます。

　データからパターンが浮かび上がってくるでしょう。その浮かび上がってきたパターンが前に進むために必要な答えとなります。これは特に多くの不安を抱えながらスタートする場合には、なおさら神経科学的なレベルで非常に満足します。しかし、このプロセスには注意が必要で、人間の脳はパターン認識の機械といえるものなので、実在しないパターンを見つけてしまうこともあります。データの解釈をチームと協力して行うことで、過度に楽観的すぎる解釈をするリスクを軽減できます。

　十分な情報がなかったり、見つけたことがうまくまとまらなかったり

すると、頭の中でピースが揺れ動きます。その場合は、もう少し質問したり、何人かに話を聞いたりしてみましょう。結果を話し合うことで、ピースがうまくはまります。

　カチッというクリック音を聞くことを学びましょう。

プロセス

The Process

Chapter3で説明することが体系的な調査における「体系的」と言われる部分です。リサーチに1ヶ月かかるとしても、数時間で終わるとしても、少しでも体系的に進めることが、時間と思考力を節約する「追加」のステップになります。どんな種類のリサーチでも、またスケジュールのどのタイミングだとしても、次の6つのステップを踏んでください。

- 1. 問題を定義する
- 2. アプローチ方法を選択する
- 3. リサーチの計画と準備をする
- 4. データを収集する
- 5. データを分析する
- 6. 結果を報告する

練習を重ねることで、最初の3つのステップは身体に記憶され、データの収集、分析、報告に集中できます。

1. 問題を定義する

確かなデザインソリューションを創るには、明確に定義された問題が必要であるように、有用な調査研究には、明確な問題宣言が必要です。デザインでは、ユーザーのニーズとビジネスのゴールを解決します。リサーチでは、情報不足を解決します。リサーチの問題宣言は、トピックとゴールを説明します。

いつ終わるか知りたいですよね？ そうであれば、「説明する」「評価する」または「特定する」といった、結果を示す動詞を基本にしてください。「理解する」や「探求する」などの抽象的ではっきりしない言葉は避けてください。何かを説明した時にわかります。「探求」という言

葉は無限にひろがる可能性があります。

　例えば、トピックが「学校に通う子どもの共働きの親」で、リサーチの質問が「共働きの親は週末の活動をどのように選び、計画しているのか？」の場合、問題宣言は「学校に通う子どもの共働きの親が週末の活動をどのように選び、計画しているかを説明する」になります。あるいは、トピックが「競合」であり、リサーチの質問が「当社のサービスに関連する競合らの長所と短所は何か？」の場合、問題宣言は「確認された競合らの、当社との相対的な長所と短所を分析する」になります。

　デザインリサーチの最も大きな混乱の原因は、リサーチの質問とインタビューの質問の違いにあります。この混乱のせいで時間とお金を消費し、多くの経営者が「あのときリサーチをしたが、役に立つものは何も得られなかった」と言うことにつながります。

　リサーチの質問をどう言うのかによって、その後のリサーチの成功と有用性がすべて決まります。悪い質問から始めたり、間違った質問をしたりすると、役に立つ回答は得られません。私たちは普段の生活ではわかっているのですが、ビジネスの場面で、特にリサーチになると、普段できていることができなくなるように思えます。誰もが自分をスマートに見せることを気にしすぎています。

　リサーチの質問は簡単に言うと、エビデンスに基づいてより良い判断をするために、皆さんが知りたいことを聞くことです。良いリサーチの質問は、具体的で実行可能で、実践的です。これが意味するのは以下のことです。

- ・1. 手に入れることができる技術や方法を使って質問に答えることができる
- ・2. 回答から学んだことによって、（保証はされないが）十分な自信をもって判断できる

質問が一般的すぎたり、答えられないようなものであれば、優れたリサーチの質問ではありません。「火星の空気はどうですか？」は、火星に人類を移住させることを考えているイーロン・マスク（Elon　Musk）には実践的な質問かもしれませんが、たいていの人には違います。

　質問はひとつの場合もあれば、いくつかのサブクエスチョンを含む質問、または一度に解決したい関連質問を持っているかもしれません。重要なのは、すべての質問が一つの明確な問題宣言に結びつくようにすることです。これによって、自分が何を学びたかったのか、そしてそれを学べたのかを理解する助けとなります。

　皆さんが「何を明らかにしたいか」を定義できたところで、どのようにするのかに進みます。

2. アプローチ方法を選択する

　問題宣言によって、大まかなリサーチの種類が決まり、自由に使えるリソース（時間、お金、人）によって、アプローチ方法が決まるでしょう。与えられた質問に答える方法はたくさんあり、どれもトレードオフの関係にあります。

　もし皆さんの疑問がユーザーに焦点を当てたのであれば、ユーザーリサーチやエスノグラフィーをするでしょう（Chapter5 参照）。既存あるいは潜在的なデザインのソリューションの評価がしたければ、評価的リサーチをするでしょう（Chapter7 参照）。一つの質問がクローズアップされた時に、複数の調査方法を行うかもしれませんし、可能性のある複数の調査方法から一つを選ぶかもしれません（図3.1 参照）。

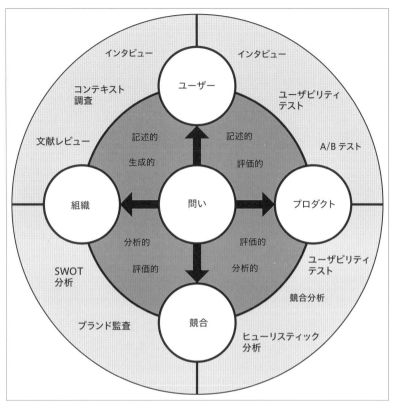

図 3.1: トピックと問いの性質が、リサーチ活動の選択の指針になります。

アプローチ方法を選択したら、次のようなリサーチの質問を組み込んだ調査の簡単な説明を書きます。例えば、「学校に通う子どもの両親が、週末の活動をどのように選択し計画するかを理解するため、電話でインタビューを行い、得られた情報を分析する」と書きます。

3. リサーチの計画と準備をする

　まず、プロジェクト責任者、つまり計画の責任者でありチェックリストの管理者を決めます。責任者はリサーチに参加しているかにかかわらず、チーム内の誰でもできます。ただし、1人でなければなりません。そうすることで物事が取りこぼされるのを防ぎます。

　一人または小さなグループでリサーチするのであれば、最初の計画はとても早く立てられます。リサーチにかかる時間や費用を決め、誰がどの役割に携わるのか決めましょう。調査対象者を定義し、必要であればどのように募集するかを決めます。計画には資料のリストも含めてください。

　最初のうちは、すべてうまくやろうと悩む必要はありません。わからない時は、自分の直感に従いましょう。リサーチは新しい情報の探索のため、新しい状況や予測不可能な状況に直面します。予想外の出来事と仲良くなりましょう。そして得られた事実に基づいて計画も変更していく心構えでいましょう。

　60分のセッションを予定していても、30分で必要な情報が集まることがあります。あるいは、インタビュー中に競合の名前が頻繁に出てきたことに気づき、ユーザーがどのように競合のサービスを使用するかを観察するため、インタビューに15分の競合のユーザビリティテストを追加することもあります。

　リサーチ計画の変更で、プロジェクト全体に大きな影響を与える可能性がある場合、その点は明確にしておきます。楽観的に構えるのもいいですが、始める前に、トレードオフやフォールバックを用意周到に考えておくと役立ちます。参加者のリクルーティングやスケジューリングに計画以上に時間がかかる場合はどうしますか？ 日程を変更したり、参加者の条件を緩和したり、あるいは最初は少ない人数に声をかけ、あとで増やすこともできます。正解は一つではなく、その時々のプロジェク

ト全体のゴールを達成するための最適な方法があるだけです。

　さらに、リサーチの質問に答えることに加え、リサーチ自体についても学び続けられます。実践を通じて皆さんはより賢く、効率よく進められるようになります。たくさんの成果や利益を得られるでしょう。

　リサーチ計画には、問題宣言、調査期間、役割分担、対象者の選定とリクルーティング方法、そして必要なインセンティブやツール、資料等を明記してください。

　これは始まりにすぎません。皆さんやチームの役に立つようになれば、いつでも詳細を追加できます。

■ リクルーティング

　何を知る必要があるかわかれば、そのギャップを埋めるために誰を調査すべきか定義できます。リクルーティングとは、単にリサーチ参加者を探し、集め、スクリーニングして獲得することです。

　優れたリクルーティングは、定性調査の質を高めます。リクルーティングでは近道をしたくなりますが、近道は時間がたつほどに悪い習慣として積み重なっていきます。リクルーティングした参加者一人ひとりができる限りの力を発揮できる必要があります。参加者は皆さんのターゲットを代表しているほど良いでしょう。参加者がターゲットと一致していなければ皆さんの調査は意味がありません。適切な参加者には不適切な質問をしても返答から貴重なことを学べます。もし話す相手が間違っていたら、何を聞いても意味がありません。皆さんがやろうとしていることを不適切な参加者は台無しにします。

　良いリサーチ参加者は以下の特徴を持っています。

・ターゲットユーザーと関心事やゴールを共有します。
・年齢や職業など、ターゲットユーザーの中心的な属性をもっています。
・自分の考えを明確に表現できます。
・ターゲットユーザーと同様に、関連技術に精通しています。

覚えておいてほしいのですが、「一般の人」というのは存在しません。事業内容やゴールに応じて、より具体的にすることも、具体的にしないこともできます。同時に、あまりに早く絞り込みすぎてしまうような間違いは侵さないようにしてください。意図を持ちましょう、怠けてはいけません。

　理論上、リクルーティングは釣りに似ています。どんな魚を釣りたいかを決め、網を作り、魚がいる場所に向かい、餌を水中に撒きます。欲しいものを集めてください。実際にはそれほど不思議なことではなく、コツをつかめば勘も養われます。

　正直な話、リクルーティングは時間と労力がかかります。その事実を受け入れましょう。リクルーティングが上手になれば、すべてのリサーチが早く簡単に進むようになり、プロセスの不快な部分も次第に減っていきます。

　ウェブアプリケーションやウェブサイトのデザインをする時には、ウェブはテスト参加者候補を見つけるのに最適です。もし皆さんがリンクを貼れるアクセス数の多いウェブサイトを持っているなら、そのウェブサイトが参加者を引き込む最も簡単な方法です（サイトに初めて来る人を勧誘する必要がある場合を除きます）。そうでなければ、スクリーナー（条件に合う参加者候補を見つけるためのアンケート）のリンクをメールで送るか、スクリーナーの目につく場所に掲示もできます。

　ターゲットとするユーザーやその友人や家族が見る可能性のある、メッセージを投稿できる場所であれば、どこでも活用しましょう。X（Twitter）、Craigslist[19]、Facebook、LinkedIn などです。

　特定の地域のユーザーが必要な場合は、地域のコミュニティサイトや

※ 19―Craigslist（クレイグスリスト）は、アメリカ合衆国カリフォルニア州サンフランシスコの Craigslist Inc. により運営されるクラシファイドコミュニティサイトです。毎月 20 億ページビューを超えるアクセスがあり、毎月 8000 万件以上の広告が投稿されています。

ブログがサービスとして告知してくれるかどうか確認してみましょう。メッセージ投稿や地域コミュニティへの告知といった活動を「マーケティングリサーチ」ではなく「デザインリサーチ」と表現することで好意的に受け止めてもらえます。

　プロのリクルーターもいますが、他に選択肢がない場合を除き、自分で参加者を見つけるのが最良です。なぜ、リクルーティングの代理店が皆さんの顧客について最も詳しく学ぶ必要があるのでしょうか？

■ スクリーナー

　網はスクリーナーで、餌はインセンティブです。

　スクリーナーは、適切な参加者を見つけ出し、不適切な参加者を除くための質問を含む簡単な調査です。スクリーナーはとても重要です。よい参加者はテストをすればすぐにわかります。適切な参加者は調査で扱うトピックに興味を持っているので、課題が提示されるとすぐにシナリオに取りかかってくれます。例えば、長方形のインターフェースがいくつか書き込まれた油まみれの紙を差し出して、「このインターフェースを使って特別展のチケットをどうやって購入しますか？」と尋ねます。もし皆さんがチケットを買う可能性のある人と話しているのなら、彼らは必ず試してみてくれるでしょう。

　参加者のミスマッチは、下手なお見合いと同じくらい結果は明らかです。参加者の注意は散漫になり、参加者は自分に関係のない余談に走ります（「私は万引きをするのが趣味なんです」）。 最高品質のプロトタイプを示しても、睨まれ、役に立たないと批判をされるだけです（「なんでリンクは全部青文字なんですか？ 私はそれがつまらないと思いますが。」など）。そんなときは、礼儀正しくできるだけ早く参加者とのセッションを終わらせましょう（ただし、約束したインセンティブは忘れずに渡します。適切にスクリーニングされなかったのは参加者の責任ではありません）。

最も効率的なスクリーニング方法はオンラインのアンケートです。（アンケートの作成や参加者のリクルーティングに役立つツールは、「リソース」のセクションを参照してください）。スクリーナーの作成にあたり、皆さんとチームは、クリスティーン・ペルフェッティ（Christine Perfetti）の記事[20]から引用した質問に答える必要があります。

・具体的にどのような行動をチェックするか？

行動はスクリーニングで最も重要な要素です。たとえ皆さんが全く新しいプロダクト、サービスをデザインしていると信じていても、参加者にとってそのプロダクトが適切で理解しやすいかどうかは、参加者の普段の行動によって判断されます。もし自転車乗りのアプリをデザインしているのであれば、時間があれば自転車に乗りたいと思っている自転車好きな人ではなく、自転車に乗る人にアプリをテストしてもらう必要があります。

・どの程度のツールの知識とアクセス手段が参加者に必要か？

参加者に求める知識やスキルは現実的なレベルにしましょう。参加者が特定の機器やアクセスを必要とする場合は、必ず明記してください。たとえば、モバイルアプリのユーザビリティテストの場合は、アプリのユーザビリティに焦点を当てるために、スマートフォンを十分に扱える人が必要です。そうでなければ、スマートフォン自体のテストに終始し、役立つ情報は得られないかもしれません。

・トピックに関してどの程度の知識が参加者に必要か？

例えば、「ニュースを読む」というような馴染みのある分野のごく一般的な読者を対象に何かをデザインするのであれば、皆さんが質問しているアクティビティを参加者が実際に行っているかどうかを確認する必

※ 20―リンクはサポートサイトを参照してください。

要がありますが、知識をスクリーニングする必要はありません。しかし、整備士が車を修理するのを支援するiPad用アプリを作るなら、修理の知識がない脳外科医にテストしてはいけません。

スクリーナーの作成は、ターゲットユーザーとの共感を試す良いテストです。信頼性のある結果を得るためには、適切な参加者を選び、間違ったマッチングを除外し、インセンティブを目当てに心を読もうとするプロのリサーチ参加者を防ぐ必要があります。たとえ25ドルのAmazonギフト券であってもずる賢い人が寄ってきてしまうことがあります。テストサイトから参加者を募る場合、実際の調査内容は曖昧にします。もし調査対象のウェブサイトからリクルーティングするのであれば、「ウェブサイトについてのインタビュー」と紹介すればいいです。

年齢、性別や居住地を尋ねれば特定のバイアスを避けられますが、デザインに影響する可能性のある行動パターンの違いも把握する必要があります。

例えば、科学博物館のユーザビリティ調査の募集では、次のような質問をします。

「あなたは次の活動をどのくらいの頻度で行いますか？」（回答：一度もない、ほとんどない、少なくとも年に1回、年に数回、少なくとも月に1回、少なくとも週に1回）

・映画館に行く。
・ハイキングに行く。
・遊園地に行く。
・新しいレストランを訪れる。
・博物館を訪れる。
・音楽ライブまたはクラブに行く。
・他の地元の名所を訪れる。
・週末には町を離れる。

この質問には2つの目的があります。一つはリサーチのテーマを明かさず、博物館を訪れる頻度を測ることです。もう一つは、外出に関する一般的な習慣を評価することです。

　同時に、スクリーナーはできるだけ短くし、参加希望者が最後まで到達する前に離脱する可能性を減らす必要があります。ウェブで検索すればわかるようなことは、スクリーナーで質問しないでください。たいていの場合、参加希望者が本物のネブラスカ州の教師か、ギフトカード目的の狡猾な人かは2分ほどインターネットで調べればわかります。

　対面調査の場合、一次選考を通過した参加者全員に電話でフォローアップするのがベストです。簡単な質問をいくつかすることで、不適切な候補者や話しすぎる人を見分け、後々のトラブルを避けられます。例えば、「私たちのリサーチに適しているか判断するために、休日に何をするか、どのように決めているか教えてください。」と聞きます。

　もし返事が「しません」とそっけないものであったり、長すぎたり、不自然な場合は、「後日改めて連絡します」と伝え、興味を持ってくれたことに対し感謝のメールを送るのが良いでしょう。

　Googleで検索クエリを作成するのと同じように、スクリーナーを作成し、得られた結果を振り返ることで、スクリーニングの精度が向上し、より正確なリクルーティングが可能になります。また、正確な結果を得るまでに時間がかかったとしても、今でもたまに行われているクリップボードを持って街頭に立つ市場調査より、オンラインツールを活用する方がずっと効果的です。

4. データを収集する

　いよいよリサーチの時間です。対象者を探し、インタビューをし、フィールド観察を行い、ユーザビリティテストを実施します（各リサーチの詳細は後ほど詳しく説明します）。

　データはリサーチによって生成されます。写真、動画、画面キャプチャ、録音、手書きのメモもあるでしょう。データは個人に紐づくものです。できるだけ早く共有ドライブに保存しましょう。リサーチャーであれば誰もが一度は、貴重なデータを失う悲しい経験があるはずです。

　外出先でインターネットにアクセスできない時のために、小さなバックアップ用ドライブを持っているととても便利です。予備策は宇宙計画や、こういった場面でも役立ちます。

　データの収集と保存を組織的に行っていると、その後の分析がより効率的かつ快適になります。既に使用しているシステムでも、想定されるファイルサイズに対応できれば問題はありません。

　「調査名 - 氏名 - 年 - 月 - 日」のような一定の命名規則を使いましょう。当たり前のように思えるかもしれませんが、発見に夢中でいると忘れがちな習慣の一つです。

　セッションの合間に少し時間を取って、ファイルをチェックし、ファイル名が正しいか、正しい場所に保存されているかを確認し、最初の印象もメモしておきましょう。印象が新鮮なうちに思ったことを簡単にメモしておくと、分析作業をスムーズに開始できます。

■ 材料とツール

かつてデザインリサーチャーは、まともな調査をするために、雪の中、坂道を往復し、科学捜査研究所を設置しなければなりませんでした。しかし、今はその必要はなく、必要なツールはおそらくオフィス内や皆さんのバッグの中にあるでしょう。

まず、すでに持っていて、使い慣れたツールを使いましょう。以前はリサーチの厄介な部分として、技術的な困難や新しい機器の使い方に苦労することがありました（セッションの録画をうっかり削除してしまったときは、本当に残念です）。ここ数年、数多くのオンライン・リサーチツールやサービスが登場しています。すべてのプロセスを簡単にするとうたうサービスには注意しましょう。低価格で質が低いデータに依存することは避けるべきです。また、プロセスの拡大と自動化を急ぐあまり、皆さんが理解しようとしている人間的で、複雑な相互作用を消し去ってしまうことがあります。

アプリケーションやデバイスは日々生まれては消えていくので、永久に使えるリストを作成するのは難しいのですが、私たちが愛用している（現在利用可能な）リサーチツールはのちのリソースセクションにまとめています。

■ インタビュー

シンプルなインタビューは、他人の考えを理解し、インタビュー対象者がどのように世界を見ているかを知る上で最も効果的な方法です。様々な場面で応用可能なリサーチのテクニックです。リサーチ・インタビューに慣れれば、このスキルを他人から情報を引き出す必要があるどんなシチュエーションでも、そのスキルを応用できます。

優れたインタビュアーになるには、基本的なコミュニケーションスキル、少しだけの練習、そして適当な自己認識が必要です。内向的な性格

の人は、観察者やメモ係から始めると良いかもしれませんし、外向的な性格の人は、相手に話をしてもらうために黙る練習が必要かもしれません。

　本書で扱うインタビューのタイプは、研究用語でいうところの「半構造的インタビュー（Semi-structured interview）」です。半構造的とは事前に準備した質問やトピックがあるものの、参加者全員に同じ順序や方法で尋ねる厳格な質問スクリプトは存在しないという意味です。半構造的インタビューにより、参加者個々の視点や話題に柔軟に対応できます。聞こうとは思わなかったような、とても役に立つことがわかるかもしれません。

　成功するインタビューは、参加者全員が気持ちの良い会話をし、必要な情報を得られるものです。成功の鍵は、準備、構成、そして進行です（詳しくはChapter5をご覧ください）。

■ ユーザビリティテスト

　ユーザビリティテストは、主要なユーザーがプロトタイプや実際のプロダクトを使用して、特定のタスクを試みる間に、所定のインタビューを実施するプロセスです。ゴールは、デザインされたプロダクトやサービスがどの程度使えるか、つまり、ユーザーが決められた基準でタスクを実行できるかを判断することであり、テストを通じて、重大かつ解決可能な問題を発見することです。

　ユーザビリティテストをより早く、より頻繁に実施して、チームメンバーがプロセスに慣れれば慣れるほど、ユーザビリティテストの有用性は高まります。ユーザビリティテストは切り離された活動ではなく、自分の作っているものが所定の要件を満たしていることを確認するレビューのひとつとして捉えましょう。ビジネス・レビュー、デザイン・レビュー、技術レビュー、そしてユーザビリティ・レビューというわけです。

■ ユーザビリティテストでできること

　プロダクトやサービスそのものか、あるいはプロダクトやサービスの
粗い複製品でもあれば、テストできます。競合のプロダクトをテストし
て、より使いやすい代替品を作るにはどうしたらいいかを考えることも
できます。何かのデザインリニューアルをしようとしている場合、ユー
ザビリティテストで、現在のバージョンで何がうまくいき、何がうまく
いかないかを知ることができます。ユーザビリティテストは、ユーザー
がプロダクトやサービスを理解し、問題なく使用できるかどうかを教え
てくれます。これは非常に重要なことですが、これだけでプロダクトの
すべてを語っているわけではありません。哲学者であれば「ユーザビリ
ティテストは必要だが、それだけでは十分ではない」と言うでしょう。

　ユーザビリティテストでは、次のことができます。

・ラベリング、構造、メンタルモデル、フローの重大な問題を明らかに
　できます。これらの問題は、どんなに機能が優れていてもプロダクト
　の成功を妨げます。
・インターフェースの言語がユーザー層に合っているかどうかを確認で
　きます。
・デザインで解決しようとしている問題について、ユーザーがどのよう
　に考えているかを明らかにできます。
・承認されたアプローチが明示されたゴールを達成する可能性があるか
　どうかをステークホルダーに示せます。

■ ユーザビリティテストでできないこと

ユーザビリティテストを批判する人もいますが、それは、使いやすいプロダクトを目指すことは、平凡なプロダクトを目指すことに等しいと思っているからです。でも、覚えておいてください。ユーザビリティは絶対に必要ですが、ユーザビリティだけでは十分ではありません。もしプロダクトが使いにくければ、失敗します。ただし、ユーザビリティテストによって、優れたプロダクトとサービスのデザイナーや開発者としての責任を果たすことからは逃れられるわけではありません。

次に挙げることは、ユーザビリティテストでは絶対にできません。

・ストーリー、ビジョン、画期的なデザインを提供する。

・皆さんのプロダクトが市場で成功するかどうかを教える。

・どのユーザーのタスクが他のタスクよりも重要かを教える。

・最終の品質保証テストの代わりになる。

正しく期待を持ち、早く頻繁にユーザビリティテストを行うと、プロダクトの成功の可能性が高まり、チームはプロダクトが成功するまでの過程でテストを楽しめます。ユーザビリティテストの習慣は、人々から好まれる高品質なプロダクトを作る習慣と密接に関連しています。

■ ラボもマスターもいらない

　私たちは、未来に生きています（未来のものを作っている意）。皆さんの実験が逃げ出し、混乱を引き起こす危険がある場合を除いて、「ユーザビリティラボ」でテストする必要はありません[21]。ユーザビリティラボは完璧に調整されたテスト環境を提供しますが、私たちが本当に知りたいのは、普段の中でアイデアがどれだけ効果的であるかです。想定外の要素を把握することが重要です。子どもの泣き声や、まぶしい光、中断などの要素も重要です。銀行の残高をチェックする時、旅行を計画する時、靴を選んだり、夕食の場所を決めたりする時など、皆さんが試しているようなプロダクトやサービスを利用する時の環境に適応しなければなりません。

　ユーザーがいる場所に行きましょう。もし皆さんが外に出て、ユーザビリティテストを直接行うことができるなら、素晴らしいことです。リモートでできるなら、それも良いです。もしモバイルデバイスをテストするのであれば、皮肉なことに、もっと多くのテストを実際に行う必要があるでしょう。

　企業の副社長がプレゼン練習をおろそかにしてスライドに使うイラスト選びにこだわってしまうように、リサーチャーはシナリオやファシリテーションの質よりもテストや記録の完璧な設定にこだわってしまいがちです。よい参加者、優れたファシリテーション、そして優れた分析により、優れたユーザビリティテストが実現します。とても簡素な設備でも、良い結果を得られます。ユーザビリティの問題は、好みや意見ではなく、あるデザインを使いにくく、不快にさせる要因のことです。最も重要な問題を素早く見つけ出し、最初からやり直しましょう（ユーザビリティテストの詳細はChapter7参照）。

※ 21―「実験が逃げ出す」ということは実際にはないため、ユーザビリティラボが必要ないということをユーモラスに皮肉っています。

■ 文献レビュー

　ユーザーを一人ずつ募集して観察やインタビューをするのはとても役に立ちますが、時間がかかることもあります。代表的なユーザーに直接話を聞くのが難しい場合や、さらなる背景情報が必要なときは、他のリサーチャーが行ったリサーチやレポートを参考にするのをおすすめします。定性調査とアンケート調査のどちらも、ユーザーの行動やニーズに関する知識を深めるのに役立ちます。

　自社やクライアントが行った既存の調査や、信頼できる情報源からオンラインで入手できる資料を探しましょう。例えばジャーナリストや高齢者など特定の人々にサービスを提供する組織が調査を実施し、その結果を一般公開していることはよくあります。

　ピュー・リサーチ・センターの「インターネット＆アメリカンライフプロジェクト」は、無料で利用できる信頼性の高いデータを提供しています[22]。プロジェクトの名前からも明らかなように、主にアメリカの市民を対象としていますが、最初の情報源としてとても役立ちます（また、彼らの報告書は、調査結果に関する優れた伝え方としても、お手本にもなります）。

　これらの調査は、いくつかの方法で活用できます。

・ターゲットユーザーに関する一般的な理解を深めより良い質問を作る。
・一般的な仮説を検証する。
・自身の仕事を補完する。

※ 22―リンクはサポートサイトを参照してください。

第三者の文献を扱う際には、以下の点に注意しましょう。

・彼らがどのような質問をしていたかをメモし、自分の質問とどの程度
　一致しているかを判断する。

・サンプルをチェックし、自分のターゲットユーザーにどれほど適して
　いるか注意する。

・調査の実施や資金提供している個人・組織を確認し、潜んでいるバイ
　アスを理解する。

・調査実施日を見て、リサーチ後に新商品の発売や景気の変化などの重
　要な変化が起きていないか確認する。

5. データを分析する

データ分析とは何を意味するのでしょうか？ データを集めたら、整理して意味のあるパターンを探します。パターンを分析して観察点を見つけ、そこから改善策を導き出します。

最初の問題宣言を参照し、そのパターンが最初に投げかけた質問にどう答えているのか尋ねましょう。同じ定性データでも、使い方や目的によって使い分けることができます。例えば、ステークホルダーインタビューからは、デザインリニューアルのためのビジネス要件を引き出すことも、コンテンツ戦略立案の前提となる現行の編集ワークフローの説明を引き出すこともできるでしょう。ユーザビリティテストからは、改善すべき問題や、ペルソナを作成するために使用できる現在の顧客に関するデータが得られるかもしれません。

そのため、過去の調査データであっても、それが今回の問いに適合した条件で実施されたものであれば、そこから新たな洞察を得られる可能性があります。

■ 全員を巻き込む

デザインチームと一緒に作業するときは、できるだけ多くのメンバーを分析に巻き込むほうが良いです。グループであれば多くの洞察をより早く生み出すことができ、それらの洞察は、単に報告書を回覧するよりもはるかに効果的に共有され、内面化されます。

経験則として、生産的な議論に貢献でき、参加することで利益を得られる人を巻き込みましょう。注意散漫になる人や、分析結果を知りたいだけの人は参加させるべきではありません。

少なくともインタビューに直接関わった人は全員参加させましょう。理想は、デザインやコーディングを行うコアプロジェクトチーム全員が

参加することです。具体的な行動や懸念事項を一緒に検討することで、チームは最初からユーザーについて多くの情報が提供し、投資し、共感できます。セッションの最後には、どの分析結果を共有するのが最も有益かを決めることができます。

■ 分析セッションの構成

分析は楽しいグループ活動です。チームで部屋に集まり、すべてのメモを一緒に見返し、観察を行い、具体的な洞察に変えていきます。インタビューの回数や頻度によっては、この作業に半日から数日かかることもあります。参加者全員が準備できるように、事前にメモや録音にアクセスできるようにしておくと時間の節約になります。

セッションにインタビュアーとメモ係が一人ずつしかいない場合でも、すべてをカバーし、効率的に作業するため、明確な手順を決めて進めることが重要です。以下は、基本的な構成です。プロジェクトのニーズに合わせて自由に変更してください。

- 1. リサーチのゴールとプロセスを要約する（何を発見しようとしたか？ 自社からは誰が参加し、どのような役割を果たしたか？）。
- 2. 誰に、どのような状況でインタビューしたか説明する（人数、電話または対面など）。
- 3. どのようにデータを収集したかを説明する。
- 4. 行う分析の種類を説明する。
- 5. 引用や観察事項を取り出す。
- 6. 繰り返しのパターンやアイデアを表す引用や観察をグループ化、テーマとする。例えば「参加者は記憶を助けるためにペンと紙を頼りにしている」や、「親は、他の親の意見を信頼している」など。
- 7. 気づいたパターン、パターンから得た洞察、デザインに与える影響など発見を要約する。
- 8. 分析結果を共有可能な形式でドキュメント化する。

この作業は、少し大変かもしれません。円滑に進め、集中力を持続させるために、参加者に次のルールを守ってもらいます（独自のルールを追加しても良いです）。

- この活動のゴールは、ユーザーの状況とニーズをより深く理解することだと認識する。そのゴールだけに集中する。
- セッションの流れに従う。データを詳しく見る前に、大きなパターンを特定することは控える。
- 観察と解釈（何が起こったか、それが何を意味するか）を明確に区別する。
- 解決策はありません。解決策を提案することは非常に魅力的ですが、洞察と原則に焦点を当ててください。解決策はその次です。

■ 必要なもの

　十分な時間と協力的な同僚は、確かな分析に最も必要な資源です。それらが揃ったら、さらにいくつかの事務用品を集めましょう。

- 広々した部屋とホワイトボードスペース
- 付箋（派手にしたい場合は色違いで）
- ペン
- ホワイトボードやノートの壁など、すべてを書き写すのではなく、写真に撮れるようにカメラを用意する（また、セッションの写真はプロジェクトの振り返りや会社の記録用写真にも活用できます）。

　ユーザーのタイプ別、タスクのタイプ別、プロダクトの成功にとっての重要度別など、チームが最適なグループ分けについて合意に達するまで、観察結果を様々な方法で自由にグループ分けしてください。最も有用なグループ分けは、分析を始める前に押し付けられたり定義されたりしたものではなく、浮かび上がってきたパターンに基づくものです。必要であれば、制限時間を設け、時間が来たら投票を行います。

■ データとは何か？

皆さんが探しているのは、次のようなアイデアを示す引用や観察です。

- ゴール（参加者が達成したいこと、プロダクトやサービスが彼らをサポートしている）
- 優先事項（参加者にとって最も重要なこと）
- タスク（参加者がゴールを達成するために行うアクション）
- 動機（参加者がタスクに取り組むきっかけとなる状況やイベント）
- 障壁（参加者がタスクを行ったりゴールの達成を妨げたりする人物、状況、または物）
- 習慣（参加者が定期的に行うこと）
- 関係（参加者がタスクを実行する際に相互作用する人々）
- ツール（参加者がゴールを達成するために相互作用するオブジェクト）
- 環境（参加者の意欲や能力に影響を与えるコンテキスト上の要因）

■ 外れ値

どんなに厳格なスクリーニングを行っても、一部の外れ値はすり抜ける可能性があります。参加者の行動や属性が、ターゲットユーザーや顧客として適していない場合、その参加者は外れ値であることがわかります。もし、デザインターゲットに合わない人にインタビューしたのであれば、その事実と今後のスクリーニングの際に役立つ内容をメモし、データは脇に置いておきましょう。

例えば、熱狂的なスポーツファンに関する調査プロジェクトの一環で、スポーツ観戦をしない数学教師「ダン」にインタビューしたとします。彼は統計学の授業で調べものをしているときに、このスクリーナーをクリックしたことがわかりました。

もしあなたのターゲットユーザーがスポーツファンで、ダンがこれま

で知られていなかったカテゴリーの利用者でなければ、ダンのニーズや行動をデザインに取り入れる必要はありません。それでいいのです。

実際には皆さんのプロダクトを使うことのない人もいます。インタビューしたからといって、その人たちを無理やりモデルに当てはめないでください。しかし、参加したことへのインセンティブは渡しましょう。

6. 結果を報告する

リサーチのポイントは、エビデンスによって意思決定に影響を与えることです。分析のアウトプットは一般的に要約レポートと、1つもしくはそれ以上のモデル（Chapter8参照）ですが、戦略的である必要があります。

レポートの形式は、その結果に基づいてどのような意思決定がなされるかによって異なります。大きな組織で、経営の意思決定に影響を与える必要がある場合より、少人数で緊密なチーム内の方が、簡易なレポートで済ませられます（どのようなレポートも、報告対象者と築かれた信頼関係や事前準備を置き換えるものではないことを心得ておいてください）。

良いデータがあれば、ペルソナの簡単なスケッチや、目の届く場所にあるホワイトボードの付箋の写真の方が、誰も読まない長文の報告書よりもはるかに優れています。常に、ゴール、方法、洞察と推奨事項を含む、簡潔で整理された要約を書きましょう。時間がない時は、観察したことをそのままレポートに書いてデザイン作業に移りたいと思うかもしれません。しかし、後々の自分のことを考えてください。後でその結果を参照する必要が生じたとき、レポートを要約して良かったと思うはずです。

そして繰り返す

　厄介な現実の世界で不完全な人間のために成功するシステムを設計する唯一の方法は、外に出て厄介な現実の世界の人々と話すことです。一度リサーチし始めると、それなしでデザインしていることに違和感を覚えるようになります。

組織リサーチ

Organizational Research

怒りに燃える者の前では地獄さえも及ばない
―ミルトン・フリードマン（Milton Friedman）

　皆さんは目標を持った個人です。もしデザイナーならば、他の人を喜ばせ、その人にとって重要な新しいものを創りたいと思うでしょう。世界を変えるデザインは、何百万、何十億という個人に受け入れられるから、そうなるのです。

　デザインは、暗く冷たい宇宙空間では生まれません。デザインは、暖かく、汗をかくほど多くを考える人々の近くで生まれてくるものです。人々は大きなことを効率的に達成するために組織を作り、参加します。組織は成長するにつれ、複雑さを増していきます。物事を終わらせる方法として、口頭文化が文書を凌駕し始めます。社内の様々なグループが、ハイレベルのゴールに対して異なる視点を持つかもしれないし、全く異なるゴールを持つようになるかもしれません。どの組織図にも当てはまらない本質的な人間関係が形成されていきます。

　デザインプロジェクトは決断の連続であり、正しい決断を下すことは、複雑な組織の中で厄介に思えるかもしれません。希望を持ってください。組織の内情を理解する機会を持つ限り、想像以上の影響力を発揮できます。

　デザインプロセスは、組織の本質と表裏一体です。予算、承認、タイミング、リソースの利用可能性は、組織との交渉がうまくいくかに関わります。最終的なプロダクトやサービスの成功は、組織が行っている他のすべてとどれだけ適合しているか、組織がどれだけ支援できるか、支援する意志があるかによって決まります。

　組織とその中の人々の習慣は、強力な影響力になりえます。皆さんは特定の個人と直接協働することになりますが、組織への理解度が多かれ

少なかれ成功へ相互作用します。マネージャーがデータに言及するのと同様、組織は意思決定が行われる社会的な場であり、多くの人々が考える以上にその社会的背景は極めて重要です。

　組織を物理的な地形として考えてみましょう。小さなスタートアップは島のようです。どこからともなく出現するかもしれないし、瞬く間に波の下に沈んでしまうかもしれません。しかし、島が存在する間は、素早くはっきりとした景色を見ることができます。一方、大企業はオーストラリアに似ています。一度に全景を見渡すことは不可能ですし、皆さんを傷つけたり殺したりする可能性のあるもの（危険な動物や厳しい自然環境）がたくさんあります。

　幸いなことに、どのような規模でも組織は個人の集合であり、明示的または暗黙のルールの集合体です。皆さんがその環境を理解すれば、組織をうまく操り、最高のプロダクトを生み出せます。

MBA と同じ仕事をする

　組織リサーチは、何がビジネスの原動力となっているのか、すべての要素がどのように連動しているのか、どの程度変化する能力があるのかを見極めるもので、伝統的にはビジネスアナリストの専門分野です。しかし、組織をリサーチするのは従来のユーザーリサーチに非常に似ていて、インタラクティブなデザインや開発プロジェクトにとても役立ちます。

　多くの外部機関は、標準的な要件収集プロセスの一環として、クライアントのステークホルダー（プロジェクトの結果によって直接影響を受ける仕事や役割を持つ人々）にインタビューを行います。見知らぬ組織と初めて仕事をする場合、ステークホルダーへのインタビューを行うことは不可欠です。

　社内のチームメンバーは同じ情報を収集するため、次のようにちょっ

としたロールプレイをする必要があるかもしれません。「マーケティングチームの他のメンバーとの関わり方について、まるで私がここで働いておらず、初めてかのように話してください。」

組織リサーチでは、観察者効果[23]は、実際にポジティブな変化をもたらす力となりえます。組織全体の人々に核心的な問いを投げかけることで、自分の答えを出さざるを得なくなり、多少の内省につながります。

異なる人々に同じ問いを投げかけることで、モチベーションや理解の決定的な違いが明らかになることもあります。そして、話を聞いてもらえないと感じている人の話を聞くことは、多くの人に好かれる理由になります。多く質問をすることは、皆さんを大変賢く見せますが、一方ではクビになるリスクもあります。保証はありません。

アーリーステージや急成長中のスタートアップなど、小規模で機敏に動ける組織では、敵は複雑さや停滞ではありません。むしろ、勢いを維持して「早く失敗したい」という願望や、そもそも資金を集めた核となる前提を疑うことを避けたいというプレッシャーと戦わなければならないかもしれません。

「失敗しないために回避すべきこと」を後押しするために、最大のリスクをもたらす仮説を明らかにし、その仮説に対処する方法を提案します。GVライブラリー[24]は皆さんの味方です。GV（旧Google Ventures）チームは、便利な「スタートアップのためのUXリサーチのフィールドガイド[25]」を含む、スタートアップに特化したデザインとプロダクトの記事を集めています。

※ 23—観察者の存在が観察されているものに与える変化のことです。オブザーバーエフェクトともいいます。

※ 24・25—リンクはサポートサイトを参照してください。

ステークホルダーとは誰か？

　ステークホルダーの概念は、1963年にスタンフォード研究所の内部メモの中で生まれました[26]。このメモでは、ステークホルダーを「その組織の支援なしには存続できなくなるグループ」と定義しています。プロジェクトの成功には、ステークホルダーを巻き込むことが必要不可欠です。皆さんのリサーチには、その支援なしにはプロジェクトが失敗してしまう人を含めるべきです。

　ステークホルダーの選定には寛大になりましょう。会話に数時間、追加するだけで十分な情報が得られるとともに、ステークホルダーの漏れを防ぐことができます。次のグループを含めましょう。

・**リーダー**は、皆さんが会社全体のミッションとビジョンを理解し、プロジェクトがその中でどのようにフィットするかを理解する手助けをしてくれます。

・**マネージャー**は、リソースの配分や、プロジェクトがマネージャーのインセンティブ（金銭または金銭以外のもの）や仕事の遂行能力にどのような影響を与えるかに関心を持ちます。

・**専門家**は、必要なバックグラウンドを提供してくれます。専門家を見つけるには、デザイン上重要な分野のうち、最もバックグラウンドの知識が乏しい分野を特定し、紹介してもらう必要があります。必要な専門知識の専門家は、社外にいるかもしれません。

　経営層と日々の業務に携わる人々とのバランスが取れているか、特にエンドユーザーについてよく理解している人を見つけることが重要です。カスタマーサービス担当者や営業担当者は、貴重な気づきを与えてくれます。

※26―リンクはサポートサイトを参照してください。

縦割り組織を横断するようにして、幅広くスタッフと話をすることが必要です。最も役立つ情報としては、様々な分野や部署において、ゴールや信念がどのくらい共有できているか、あるいは対立しているかということが挙げられます。

　組織において、役員は豊富な知識と強い影響力を持っている場合があります。ただ他の組織では、役員は距離がありすぎて、あまり役に立たないこともあります。話を聞きに行く前に、プロジェクトへの興味や関心度を尋ねてみましょう。特に非営利団体では、取締役会のメンバーが強い味方になることもあれば、そうでない場合もあります。皆さんが役員に心が躍るような方向性を提示する前に、彼らを味方につけておくべきです。

ステークホルダーへのインタビュー

　プロジェクト関係者へのインタビューは、組織全体の思考を深く理解する貴重な手段です。インタビューにより、企業が文書で定めた戦略と関係者の考え方や日々の意思決定との間に生じる不一致を明らかにすることができます。また、ビジネス戦略上、特に重要な問題を特定するのにも役立ちます。
　—スティーブ・ベイティ（Steve Baty）「プロジェクト関係者へのインタビューを成功させるために[27]」

　「ステークホルダー」という言葉は、少し難しく聞こえるかもしれませんが、これ以上ぴったりな表現は他にありません。ステークホルダーは味方につけない限り、皆さんを背後から刺してくる存在だと思っていてください。しかし、心配は無用です。ステークホルダーへのインタ

※ 27—リンクはサポートサイトを参照してください。

ビュー、つまりプロジェクトに直接影響を与えるであろう人々と一対一で対話をすることは、たくさんのメリットをもたらします。

■ ステークホルダーへのインタビューの目的は何か？

　仕事上の同じ問題について違う役割の人たちが考えると、全体像を把握できるだけでなく、素晴らしい気づきも得られます。ステークホルダー一人ひとりへのインタビューはそれ自体が十分に価値があり、また、もっと重要な気づきは、複数のインタビューを統合して明らかになることもあります。

　ステークホルダーへのインタビューにより、組織体制の理解に役立つだけでなく、皆さんの仕事が組織全体にどのように組み込まれ、プロジェクトの様々な局面においての承認プロセスがどのように進むのかを理解することにもなります。さらに、プロジェクトの成功に影響を与える可能性がある、一目ではわからない機会を提供してくれることもあります。

政治的な駆け引きを防ぐ

　組織内の政治的な動きは、多くの企業で起こっています。この動きを無視すると、後々大きな問題を引き起こす可能性があります。組織リサーチの大きなメリットは、政治的な側面の理解にあります。自身の努力が知らぬ間に組織内の争いに巻き込まれることを避けるためにも、政治的な側面を理解することは重要です。

　組織には、自分の仕事に強く反対する人がいるかもしれません。反対している理由を理解すると、彼らを味方にする方法を見つけられるかもしれません。ステークホルダーとの対話は、自分の仕事の価値を理解してもらう良い機会です。

より良い要件収集

　ビジネス要件は、プロジェクトが順調に進むと想定して定義されがちですが、開発中のプロダクトはよく問題が生じます。特定の方法で開発し、デザインする理由があるように、自分の仕事が組織全体にどのような影響を及ぼすか、組織が問題と解決策をどのように優先順位付けするかを理解する必要があります。

　ビジネス要件のリストには、目の前のプロジェクトで影響を受ける組織の中の、あらゆるグループから見た理由と目的が含まれていなければなりません。ビジネス要件のリストの作成には、組織への深い理解と明確な定義が必要です。

　技術的な要件や制約の確認も忘れないでください。理想が高すぎるビジョンは、早い段階で適切な人たちに相談すれば、後に予想外の機能やパフォーマンスの問題への直面を回避できる可能性が高くなります。

組織の優先事項を理解する

　組織にとって仕事の重要性は実際どれほどあるのでしょうか？　答えは意外なものかもしれません。プロジェクトが組織内で本当に価値があるかどうかは、大きな違いを生むことがあります。デザインコンサルティングの長年の経験から学んだことは、組織にとってプロジェクトが重要であればあるほど、成功の可能性が高まるということです。最重要で優先度が高いプロジェクトに取り組む人たちのストレスは高いかもしれませんが、彼らはその分プロジェクトに集中し全力を尽くしているはずです。

デザインプロセスのカスタマイズ

「車輪の再発明はやめよう[28]」というのはよく使われる決まり文句ですが、その土地に合ったタイヤを使うことが大切です。インタビューでは普段の業務の流れや、チーム内や組織全体での意思決定プロセスについても尋ねてみましょう。異なる専門分野のチームが集まるプロジェクトや、これまで協力したことのないチーム、新しい外部のパートナーと取り組む際には特に大切です。デザインチーム全員が従うべき意思決定の枠組みを設定するかもしれませんが、根強い習慣を変えようとするよりも、既存の作業スタイルに自分のプロセスを適応させる方が、仕事の進行がずっとスムーズになります。プロジェクトマネージャーも皆さんのプロセスを適応させる努力に感謝するでしょう。

ステークホルダーからの賛同を得る

影響力のあるステークホルダーに聞いてもらうための決定的な方法は、ポール・フォード（Paul Ford）の素晴らしいエッセイ『The Web Is a Customer Service Medium[29]』を読むことをおすすめします。

「なぜ私に相談しなかったのか（WWIC = Why wasn't I consulted）」という問いは、ウェブの世界での基本的な問いであり、他のルールの基盤となる原則です。人は誰かに相談され、関与し、自分の知識（ひいては力）を発揮したいと思う根本的な性質があります。

プロジェクトの開始前に誰かに意見を問うのは、プロジェクトのステークホルダーやメンバーがプロジェクトの進行中や終盤に難解な反対意見を出してくるリスクを予防する優れた方法です。問うことは社交辞令とも言えます。

ひとたび招き入れた人たちを参加させれば、彼らに権限を与えること

※ 28―「reinventing the wheel（車輪の再発明）」は確立されている技術や解決方法を知らないうち（または意図的）に一から作り直すことを指す慣用句です。

※ 29―リンクはサポートサイトを参照してください。

になります。インターネットの荒らしから学んだように、たとえどんなに無名な個人であっても、ひとたびその人がその気になれば、物事を台無しにできる力があることを忘れてはいけません。

　組織がどのように機能しているか？　異なる規律がどのように影響し合っているか？　どのようなワークフローで、どれだけうまく機能しているか？　皆さんの活動を関係者がどれだけ知っているか、どれだけ知る必要があるのか？　皆さんはどのような仮説を持っていますか？

　仮説が間違っていた場合の最悪のシナリオを想像してください。

　もしマーケティングチームが皆さんの仕事がブランドにどのように貢献しているか理解していなかったら？　営業担当者が皆さんの利点を見いだせてなかったら？　開発チームが皆さんの仕事に時間をかけるだけの価値を感じていなかったら？

　ステークホルダーインタビューは彼らに耳を傾ける機会と同時に彼らを教育する機会でもあり、関係するすべての人を巻き込むチャンスなのです。

組織への影響を理解する

　何か新しいものを作ろうとすると、それが組織全体に変化を要求し、影響を与えます。同様に、変化を要求された組織の人たちは、作ろうとしているものに影響を与えます。たとえ自分たちがアプリケーションの唯一の開発者だとしても、アプリケーションを成功させるには他の人の参画が必要です。

　自分たちがデザイン設計しているプロダクト、サービス、システムを直接使わなくても、影響を受けるすべての人の視点と優先事項を理解するのは有益です。経営層は、プロダクト、サービス、またはシステムを全体戦略の一部として守らなければなりません。カスタマーサービスはプロダクトをサポートしなければなりません。販売員はプロダクトを売らなければならず、開発チームはプロダクトを保守しなければなりません。創業者は、投資家からもっと多くの資金を調達するため概念実証

（PoC）としてプロダクトを使うかもしれませんし、会社の代表者はカンファレンスに出席した際にプロダクトについて質問を受けるかもしれません。

　組織の人が自分のところに来てくれるのを待ったり、上司が誰と話すべきかを自分に指示してくれたりするのをあてにしてはいけません。自分でプロジェクトのゴールに基づいて、誰の意見が必要かを判断するのが大切です。

　要求された変化に対応する時間、労力、お金や他のリソースを投入しなければならないのが、どの部署や担当者なのかを見つけられます。また、十分なリソースが使えるのか、それともサーバーを増強したり、ライターを増やしたりする必要があるかどうかもわかります。

　作ろうとしているものが、組織の中でどのような位置関係にあるのかを理解すると、ワークフローの変更を予測したり、変更をできるだけ最小限にとどめたり、変更が必要となる場合に備えたりできます。

　プロジェクトに対応するためにどれだけの仕事量が必要かを組織と共有すれば、必要だと思っていた組織の支援が実際には足りているか、不足しているかがわかります。そうすれば、良いプロジェクトが放置されて枯れる前に、知見に基づいた判断ができます。

■ 鋭い洞察力を磨く

創業者、経営層、マネージャー、技術スタッフやカスタマーサービスなどなど、インタビュー対象者のリストを幅広く作りましょう。そして優先順位をつけましょう。プロジェクトに直接的で価値の高い人だけでなく、ただ政治的な理由から話さなければいけない人もいるでしょう。これはただ話すだけでなく、学びの機会でもあります。

インタビュー対象者の最大数は、決められた時間内に実際に話せる人数です。大きな組織でのプロジェクトで、多種の専門知識を持つ何十人もの人と話すことは、心躍る発見の航海のようなものです。時間がどれだけあるかをしっかり把握して守りましょう。

インタビュー対象者のリストを作ったら、仕事の面接の準備と同様に、対象者についてできるだけ多くの情報を調べてください。調べた情報は話の流れに役立てますが、対象者が予想もしないような、また常識的に受入れられないような話をするのは避けましょう。例えば、「あぁそれで、昇進の機会を逃したので今の部署に異動したのですね...」というような話し方では良好な関係は築けません。

個別インタビュー

原則、時間が許す限りは、ステークホルダーへは個別にインタビューをするのが良いです。政治が面倒くさい組織であればあるほど、実態の把握にはプライベートな会話が重要です。「同席したい」と求めてくるマネージャーを説得しなければならないときもあるでしょう。この要求は、皆さんが隠れて噂話をするのではないかという猜疑心と、何を言われるのかという関心の組み合わせから出てきます。観察者効果をマネージャーに説明し、実態を把握したいという自分の立場を貫きます。役立つ正しい事実を収集するには、譲れません。対象者には、回答した内容が直接的に組織には伝わらないと保証し、関係者には、必要な情報が摘要された報告書で伝わると保証してください。

グループインタビュー

　同等の権限を有し、密に協力し、共通したプロジェクトの利益とリスクを持っているグループであれば、まとめてインタビューをすることで時間を節約できるかもしれません。インタビュー中に、特に口数が少ない人がいないか注意深く観察します。その人には簡単なメモでフォローアップし、さらに情報を提供する機会を与えます。

メールによるインタビュー

　遠くにいて会えない、または忙しいステークホルダーには、ビデオチャットや音声通話で手短に済ませましょう。いざというときには、全く情報を得られないよりは、多少なりとも重要な質問をメールで送って情報を得られるほうがよいです。

インタビューの構造

　各インタビューは30分から1時間程度にして、プライベートな場所で話すように心がけます。

　インタビュアーは冷静かつ自信があり、できればインタビューを受ける人の話に本当に興味を持っている人が望ましいです。インタビュアーはできるだけ自然な会話を心がけるべきですが、もし相手の話を十分に理解できない場合は、相手に説明してもらうか、内容を繰り返してもらいましょう。

　インタビュアーは会話に集中できるよう、メモは他の人に取ってもらいましょう。会話を録音する必要がある場合には、必ず参加者に許可を得ます。録音することで、参加者が緊張して自由に話せなくなるかもしれません。最も重要なのは、相手に安心してもらい、正直に話してもらうことです。

相手を安心させ、インタビューを受けている人の時間を尊重している態度を見せましょう。事前にアジェンダと重要な質問を送ります。すべての質問ではなく、相手が事前に回答を考える時間が必要な質問のみにします。重要なトピックは前もって考える時間があるほうが良いでしょう。相手が急かされている、準備が不足していると感じたりしないようにしましょう。

　ステークホルダーインタビューの基本的な流れは次の通りです。

・まず、自己紹介をしてインタビューの目的を再度伝えます。例えば、「ウェブサイトのリニューアルに取り組んでおり、ご意見を伺いたいと思っています。頂いたご意見を活用して、デザインがあなたのニーズだけでなく、他の方のニーズも満たすことを確認するために使用します。」といった内容です。

・インタビューで得られた情報がどの程度共有されるか（役割や業務機能別など）を説明します。「このプロセスに正直な回答は不可欠ですので、正直にお答えください。私たちは組織全体と話をしており、一人だけの意見を取り上げるのではなく、全体の意見をまとめています。発言を引用する場合でも、個人情報とは関連付けません。」

・模範的なジャーナリストのように、情報提供者を密告することがあってはなりません。リサーチを指示または承認している人物から報復を受ける心配がなく、自由に発言できることを明記した文章をもらっておきます。

　自然な会話の流れに任せ、質問をしてください。インタビューはざっくばらんな感じを出すことがとても重要です。尋問ではありません。

　インタビューの終わりに、情報をどのように使うかを相手に再度説明し、相手がプロジェクトを通してどの程度、参加してくれるのか確認します。自分の期待に一致しているか確認しましょう。より多くの情報や明確な説明が必要な場合には相手に連絡してよいかも確認しておきま

しょう。

　次のリストは、名前と役職に加えて、皆さんが聞くべき基本的な質問です。

・今の役職に、どのくらい就いていますか？
・主な業務と責任は何ですか？
・典型的な一日はどのようなものですか？
・どのような人やチームと最も密に協力していますか？　関係性は良好ですか？
・私たちが取り組んでいるプロジェクトの成功をどう定義していますか？　あなたの視点から見て、プロジェクトが完了したあとに、何がより良くなると思いますか？
・プロジェクトへの懸念点はありますか？
・成功への最大の課題は何でしょうか？　内部ですか？　外部ですか？
・プロジェクトの結果によって、組織内外の人とのやり取りがどのように変わると思いますか？

　次のリストは、プロジェクトに関するより具体的な質問です。ステークホルダー自身がユーザーとしてバックエンドシステムや管理機能を利用しているときもあります。

・このシステムで、最もよく行う作業は何ですか？
・どのような問題に気づきましたか？
・どのような回避策がありますか？
・プロジェクトへの懸念点はありますか？
・他にインタビューをするべき人はいますか？

敵対的な反応への対処

　ステークホルダーは、プロジェクトのプロセスや結果に利害関係があります。リソースをめぐって争っているかもしれませんし、プロジェクトが成功した場合には仕事が増える、または減るかもしれません。

　ステークホルダーへのインタビューはうまくいくと、おもしろく感じられるでしょう。人は専門家として意見を求められることを好みます。しかし、時にはインタビューが思わぬ方向に向かうときもあります。特に対面インタビューの場合には、とても不快な経験になります。インタビュー対象者は途端にプロセスや皆さん自身を責め始めて、プロジェクトの価値を疑ったり、質問の内容が理解できないと言い出したりします。

　このような状況に陥った場合は、落ち着いて深呼吸して、インタビューを再び正しい方向に導くよう試みてください。改めて自分のゴールを伝えて、ステークホルダーがサービスのゴールで私たちが最も知らなければならないと考えていることについて、おおまかでオープンな質問をしてみてください。敵意の理由によっては、インタビューを早めに終えることも検討しましょう。

　次のリストは、ステークホルダーが抵抗または敵意を示す、よくある理由です。

・ステークホルダーは、プロセスについて十分な情報を得ておらず、準備もしていなかったため、動機に疑念を抱いているか、または参加を求められた理由について単純に困惑している可能性があります。
・権力を示そうとしています。ステークホルダーは、私たちやインタビューの承認者、そしてプロジェクト全体に対して優位性を確立したいのです。
・ステークホルダーは、他の事業での業績にプレッシャーを感じていて、参加するメリットを感じていません。これは販売員とのインタビューでよく見られるもので、販売員は、販売をしてコミッションを得られる貴重な時間を無駄にしていると感じています。店頭から販売員を

引っ込めてしまったのです。

　インタビューを予定しているステークホルダーの中に、敵対的な反応をする人がいるかどうか、事前に調べます。なぜステークホルダーに参加を求めるのか、どのような準備が必要なのか、どれくらいの時間がかかるのか、ステークホルダーの参加がプロセスにとって不可欠な理由を理解してもらうようにします。お世辞はいつもの通りとても役立ちます。

　冷静さと自信を保つことが必要です。重要な情報を収集する際に、他の人に圧倒されたり自信を失ったりしてはいけません。プロセスを明確に説明し、情報を収集する価値を正当化できるよう準備をしておきましょう。

　誰か他の人にインタビューの主導権を握られてはいけません。相手が何かについて熱弁しているのを聞くことは興味深く、役に立つ情報を提供してくれるかもしれませんが、会話を主導するのはあなたの役割です。

　繰り返し練習あるのみです。ステークホルダーへのインタビューが初めての場合は、本番前にチームのメンバーと練習しましょう。練習では、挑戦的な回答や生産性の低い回答を投げかけてもらうようにしましょう。

・「なぜこんなことを聞いているのですか？」
・「その質問は理解できませんし、私には腑に落ちません。」
・「その話題について私は話をするのは気が進みません。」
・「私が何を言っても誰も耳を貸してくれません、だからわざわざ話す
　理由がわかりません。」
・「あとどれくらい時間がかかりますか？」

インタビューのドキュメント化

各ステークホルダーについて、次の情報を記録しましょう。

・プロジェクトに臨む態度はどうか？

・ステークホルダーが考えているゴールとは何か？

・ステークホルダーが得られるインセンティブは、プロジェクトの成功とどのくらい比例しているか？

・どれくらいの影響力を持っているか？どの分野へ影響力を与えるのか？

・誰と定期的にコミュニケーションを取っているか？

・プロジェクト全体を通じてどの程度、どのような役割で参加してもらう必要があるか？

・このステークホルダーから聞いたことは組織の他の人から聞いたことと合致しているか、それとも違うのか？

必要なだけ

自信を持って以下の情報が認識できた時点で、皆さんは十分にインタビューができたと言えるでしょう。

・すべてのステークホルダーが誰なのか。

・ステークホルダーの役割、反応、視点。

・プロジェクトの進行におけるステークホルダーの影響力、関心度、利用可能性。

・ステークホルダーが成功・失敗によってどれだけ恩恵を受けるか、または損害を被るか。

・プロジェクトの成功を阻止する可能性を持つステークホルダーや潜在的な影響力を持つステークホルダーの存在。

・プロジェクトが成功した場合、ワークフローがどのように変更されるか。

・プロジェクトのプロセスに利用可能なリソースが何か。

・プロジェクト終了後のサポートのために必要なリソースが何か。

・すべてのビジネス要件と制約。
・チームと中心となるステークホルダーがゴールと成功の定義で同意しているか。
・定められたゴールが本当に共有されたゴールであるか、または隠れた動機があるか。
・プロジェクトチーム外の人々がこのプロジェクトをどのように見ているか。

　協力してくれる新しい友人ができたら、学んだことを振り返り、個々の視点を統合してストーリーを作るときです。

ステークホルダー分析の活用方法

　ステークホルダー分析自体は簡単な場合が多いですが、学びを共有するには、理解力と繊細さが必要です（もし、プロダクトのユーザーとしてステークホルダーにインタビューする場合は、Chapter5のエスノグラフィー手法を参照してください）。組織がプロジェクトを成功させるために、何を達成しなければならないか明確に示します。分野や部署を横断して総合的な話に役立つテーマを探します。そして、さらに調査のために課題や疑問があれば目印をつけておきます。

　調査を実施する企業の政治的状況によっては、核となるチームのための説明と、広い範囲に配布するための簡潔な（あるいは丁寧な）レポートが必要かもしれません。

■ キーポイント

　組織リサーチでの皆さんのゴールは、対話した全員の具体的な懸念を、組織、優先事項、進むべき道を共通理解として組み込むことです。簡単ですよね！ これがうまくいけば、意思決定とコラボレーションの強力な土台ができます。

問題宣言と仮説

　ビジネスの観点から解決または改善すべきことは何でしょうか？

ゴール

　すべてのプロジェクトは、ぼんやりしたゴールや成功のイメージから始まります。組織内の個人はゴールや成功のイメージについて、少しずつ違った見方をしています。彼らのゴールやイメージを集約して調整することは、プロジェクトの遂行に必要不可欠です。

成功指標

　プロジェクトがゴールに到達したかどうかを示す、定性的および定量的な指標はありますか？　指標はゴールを支持している必要があります。たいていの場合、指標を定義することが自分の仕事の一部だと気づくでしょう。自分自身で指標を定義して構いませんし、簡単だからと言って間違った指標を選んでしまうよりもずっといいです。

完了基準

　どうすれば完了したと判断できますか？　当たり前なように思えるかもしれませんが、常に検証しておくべきです。そうでなければプロジェクトはいつまでも終わらないでしょう。

スコープ

　スコープは、プロジェクトに含まれる作業の範囲を示すもので、スコープが増加して制御不能になる現象を「スコープクリープ」と呼びます。スコープの膨張を防ぐ最善の方法は、できるだけ詳細に内容をドキュメント化し、すべての関係者が理解できる言葉で説明することです。また、誰が何に責任を持つかを文書にメモしてください。スコープは境界線と同じなので、ステークホルダーの誰もがスコープ内だと思っていたとしても、スコープ外であると示すことは、とても役立ちます。ここでは、ブランディング（ブランドに関わるデザインやボイスやトーン）に触れないのであれば、スコープを書きましょう。スコープを詳細にドキュメント化するのは、チームとプロジェクトがスムーズに進行するのに役立ちます。

リスク、懸念、および緊急対策計画

　プロジェクトが成功する可能性を高めたいですか？　それなら、失敗や期待外れになりそうな発見を認めましょう。

　リサーチを行うデザイナーは、プロジェクトのプロセスだけでなく、

デザインアプローチに関する多くの情報を収集するでしょう。いくつか
の部署は他の部署よりも機能的でリソースが豊富です。すべての部署に
は課題があります。もしかしたら、重要な決裁権を持つ人が制約される
可能性があるかもしれません。また、密接に協力するべき2つの部署は
歴史的に関係性が薄かったかもしれません。チームがこれらを理解し認
識すれば、効果的に対処できるようになります。

　これらの情報収集により、問題が発生する前に潜在的な問題を予測で
きます。これは、実務者（デザイナー、ライター、開発者とプロジェク
トマネージャー）が密接に協力すべき領域です。実務者が課題を公然と
認識していない場合もあるため、課題について話す際には慎重になる必
要があります。皆さんの仕事が成功するためには、これらの課題に対処
することが必要です。

　タイトなスケジュールの中でプロジェクトを終えられるかは、組織全
体の共通の懸念点です。フィードバックを収集し、意思決定を行うプロ
セスを、誰もが理解しやすいように明確かつ簡潔に、そして何よりも公
開された文書を閲覧できるようにすることが、皆が正しい方向に進むの
に役立ちます。もしグループごとにそれぞれ異なる懸念点を指摘された
場合には、それに正面から対処するのがベストでしょう。例えば、経営
チームからプロジェクト全体のコスト削減を求められる可能性もあるし、
一方でプロダクトチームからはメインの競合に対抗するために優れた
UXの提供を求められることも考えられます。最適なソリューションは、
その両方に対応するものです。

引用

　個人が発言した具体的な言葉は、その個人の視点や態度を明らかにす
る上で価値があります。リサーチ対象者の視点を表す言葉の引用は、
ユーザー調査の最も強力なアウトプットになることがよくあります。引
用を共有する際には、個人を識別できる情報はできる限り省略しましょ
う。

ワークフロー図

　ワークフローがどのように変わったのか、誰にどのような形式で変更が伝えられる必要があるか？ これをワークフロー図がわかりやすくしてくれます（図4.1参照）。

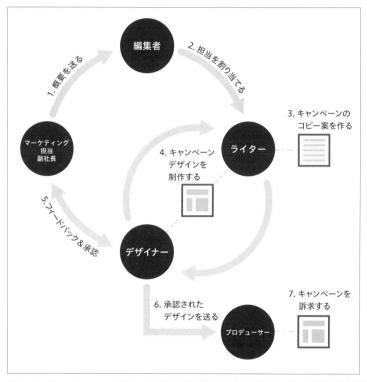

図 4.1：ワークフロー図は、現状や組織に関する学びに基づく推奨事項を説明できます。

社内プロジェクトや、社内のワークフローに変更をもたらす可能性が
ある新たな顧客向けのプロダクトに取り組んでいる場合は、現状と新た
に提案されるワークフローの図を作成してください。プロジェクト全体
を通して、この図を活用してワークフローへの影響を可視化し、組織が
新しいワークフローを受け入れるために十分に対応していることを確認
できます。

■ 問題の解明

　重要なデザインプロジェクトの成功は、組織とビジネスについての確
かな理解と信頼できる評価が必要です。組織の習慣や能力は、対象ユー
ザーの行動やニーズと同様に重要であるにもかかわらず、デザインリ
サーチの基本的なトピックとしてはあまり取り上げられません。ワーク
フローや人間関係の本質を探ることも、エスノグラフィー的探究の対象
として適しています。

　リサーチのプロセスは、コミュニケーションのチャネルを開く動機の
きっかけになります。洞察力と厳密さがあれば、組織リサーチは政治的
な問題を中立化し、要件を明確にし、変更を理解させ、受け入れてもら
える可能性を向上させます。

ユーザー・カスタマーリサーチ

User and Customer Research

ドクター：「ここで何をしているんだい？　君はまだ、人生がどれほどつらいかを知る年ではないよ。」
セシリア：「当然ですよ、ドクター。あなたは13歳の女の子になったことがないのですから。」
―映画『ヴァージン・スーサイズ』（1999年,アメリカ）より

　デザイナーとして皆さんには、非常に重要で魅力的な役割があります。個々のプロダクトやシステムが、私たちの世界をカタチ作るのです。喜びをもたらすプロダクトも、時にイライラさせるプロダクトも、人々の交流をコントロールする見えないアルゴリズムも、選択肢を狭めるポリシーも、すべてデザインの過程での一つひとつの決定によって作られています。

　デザイナーの仕事は魅力的でありながらもイライラするものです。作り出されたプロダクトやサービスは、自分とは異なる多くの人々に影響を及ぼします。プロダクトやサービスは斬新であり注目を集め、価値を提供する必要がありますが、同時に、デザイナーの手を離れた後もユーザー一人ひとりの状況に合わせなければなりません。様々な人々と環境に適応するデザインをどうやって生み出すのでしょうか？

　ユーザー調査は、パターンを明らかにし、共感を得るために行います。デザイナーにとって、共感は最も価値のあるコミュニケーションスキルです。この共感は、デザインの対象となる人々とのやり取りを通じて築かれます。

　ユーザーリサーチは、単なるユーザビリティテストとは異なる手法であり、エスノグラフィー、つまり民族誌学に関連しています。エスノグラフィーは、文化の中で生きる人々を研究する方法です。ユーザーリサーチでは、私たちは対象となるユーザーをその文化の一員として見て、

彼らの行動や背景を深く理解しようとします。この方法は、意見を集めるだけのアンケートやフォーカスグループとは一線を画します。

　エスノグラフィックリサーチを通じて、デザインチームは以下のことができるようになります。

・顧客、読者、またはターゲットとなるユーザーの実際のニーズと優先順位を把握する。
・デザインの対象とユーザーが相互作用するコンテキストを理解する。
・人々のニーズとその理由に関する仮説を、実際の洞察に基づいた理解に変える。
・ユーザーが世界をどのように捉えているかをメンタルモデルとして作成する。
・あらゆる意思決定においてユーザーのニーズを代表するデザインのターゲット（ペルソナ）を作成する。
・サイトやアプリケーション内の言い回しを開発するために、人々がどのような言葉を使っているかを理解する。

全てはコンテキストの中にある

　実際のユーザーが何を求めているのかを反映させ、魅力的なデザイン
と開発を行うためには、代表的なユーザーと直接対話するか、ユーザー
がいる環境やメンタルモデル、習慣、そして人間関係を観察することが
必要です。観察により、個々の経験や期待、主観的な好みに基づいた不
正確な仮説を作るリスクを減らせます。

■ 物理的な環境

　この「環境」とは、プロダクトやサービスを利用する人々の実際の物
理的な状況を指します。それはスタンディングデスクがあるオフィス、
家のソファ、屋外の作業現場、または見知らぬ街の電車の中かもしれま
せん。ターゲットユーザーは一人でいるとは限らず、他人と一緒にいた
り、操作の中断をせまられたりするかもしれません。つまり、ニーズ、
そしてユーザーに最も適したデザインは、環境によって大きく変わりま
す。

■ メンタルモデル

　メンタルモデルとは、ある制度やシステム、状況に対する既存の概念
や連想のことを指します。私たちは皆、現実を理解し処理するための頭
の中の地図を持っていますが、これは完璧なものではありません。この
内的な地図がなければ、道に迷うことでしょう。この地図が存在するこ
とで、過去の似た経験に基づいて物事を推測できます。既存のメンタル
モデルにうまく合致するデザインほど、使いやすく感じられます。目新
しさを求める新しいインターフェースはしばしば使いにくく感じられる
ことがありますが、その理由は、既存のメンタルモデルに対する接点が

不足しており、全く新しい方法で物事を理解しなければならないからです。新しい理解方法を学ぶのは難しいものであり、デザイナーはこの学習プロセスをより容易にする責任があります。

■ 習慣

ユーザーは、皆さんが解決しようとしている問題を現在はどのように解決していますか（実際に解決しているのであれば）？　問題に対する彼らの身体的および精神的な習慣、関連する信念、価値観は何ですか？　新しいプロダクトを取り巻く習慣を作ろうとしている起業家からよく聞きますが、習慣は変えるのが難しく、容易ではないと認めています。既存の習慣に新しい要素を取り入れる方がずっと簡単です。

■ 関係性

ソーシャル・ネットワークは、人間関係とデジタルプロダクトが交錯する場所です。人間は社会的な動物であり、すべてのインタラクティブなシステムには人間関係の要素が絡んでいます。たとえ「ユーザーエクスペリエンス」デザインが個人の経験を指す言葉であっても、皆さんのプロダクトやサービスの利用はおそらく複雑な人間関係が絡み合ったものとなるでしょう。

仮説は侮辱

　地球上には70億人以上の人がいます。2018年の国際電気通信連合の報告書によれば、人口の約半分がインターネットにアクセスできていないそうです[30]。そのことをよく理解しておいてください。つまり、40億近くの人が500ドルのチョコチップクッキーのレシピを受け取ったことすらないのです。皆さんがもしTEDに参加していて、iPhoneの電池が切れてしまい、夫にメールを送れなくなったとしたら、おそらく2分後にはイライラし始めるでしょう。

　気づいたでしょうか？　私は皆さんについて仮説をいくつか立てました。もし私の仮説が当たっていたら、皆さんはうなずいて、仮説を気にせず進んだでしょう。しかし、iPhoneを持っていない、TEDに行ったことがない、普段からメッセージのやり取りをしている夫がいない、あるいは500ドルのクッキーレシピについて何も知らない場合、少しイライラしたかもしれません。

　ユーザーについて仮説を立てるときには、間違いのリスクが伴います。プロダクトやサービスのデザインに誤った仮説を組み込むと、ユーザーを遠ざけ、皆さんの提案に耳を傾ける機会さえ奪ってしまう可能性があります。仮説の見当違いが明らかであればあるほど、より厄介なものになります。

　「厄介」という表現は、まだ控えめかもしれません。自分やチームのためにデザイン設計することで、プロダクトに意図せず差別的な要素を組み込んでしまう可能性があります。ユーザーの年齢、性別、民族性、性的指向、身体的または認知的能力についての仮説は、意図していない障壁を作り出すかもしれません。ただし、これらの障壁は、ビジネス目標や倫理に貢献しません。

※30―リンクはサポートサイトを参照してください。

すべてのプロダクトが万能である必要はありません。しかし、あらゆるデザイン上の決断は、十分な情報に基づく意図的なものでなければなりません。意図したユーザーを招き入れたにもかかわらず、疎外したり動揺させたりしてはいけません。だからこそ、ターゲットとする顧客やユーザー層を特定して理解することが、皆さんのデザインリサーチの中で最も重要なのです。

モチベーショナルスピーカーであるデール・カーネギー（Dale Carnegie）[31] は、以下のように言っていました（そしてそれを言うことで富を築きました）。

> 自分に興味を持ってもらう努力を2年続けるよりも、他者への関心を深めるほうが、2ヶ月でより多くのビジネスを成立させられます。

不完全な情報源から良いデータを得る方法

以下のようにシンプルな公式に見えるかもしれません。

・1. 人々が購入して使用するプロダクトを創るのが目標なら、人々が求めるものを設計すべきです。
・2. 人々が購入して使用するプロダクトを創るという目標を果たすには、人々が何を望んでいるかを理解する必要があります。
・3. 人々が購入して使用するプロダクトを創るためには、何人かの人たちに、彼らが何を望んでいるか尋ねるだけです。
・4. 何人かの人たちに、彼らが何を望んでいるか尋ねて、彼らが望むものを作り上げます。

しかし、これらの方法ではうまくいきません。ユーザーリサーチの第

※ 31―アメリカの作家・講演家。コミュニケーションやスピーチ・プレゼンテーション、ストレス対応などに関する権威です。

一原則は、人々が何を望んでいるかを尋ねないことです。

人々が求めるものは何でしょう？　それは他人から好かれることです。誰かに何が欲しいか直接聞くとき、返答はしばしば、皆さんが期待している答えや、聞かれた人が自分をどう見せたいかに影響されています。つまり、想像できない答えを望むことは不可能で、他人の想像力で皆さんのアイデアが制限されてしまうリスクがあります。

テレビドラマ「ドクター・ハウス」は、医学的、倫理的観点を抜きにすると、エスノグラフィー調査の見事な例を示しています。このドラマでは、グレゴリー・ハウス医師と彼のチームが、難解で命にかかわる症例に挑みます。患者への問診は誤診を連発し、その度に緊急の救命措置を行うことになります。最終的には、容姿端麗な医師数人が、患者の隠された習慣や行動の証拠を見つけ出すために、患者の家に侵入するという手段を取ります。医師たちは重要な証拠を持ち帰り、ハウス医師が解決策を見出し、患者は助かります。その後、患者がベビーパウダーを頻繁に吸引する習慣や、過去に移動サーカス団員だったことなどについて、親しい人との間で場の悪い会話が繰り広げられます。

「誰もが嘘をつく」は、この番組が常に掲げるテーマであり、時にはキャッチコピーとしても使われました。ほとんどの患者が明らかに不誠実な嘘つきですが、正直者だと思われている患者でさえも、自分自身を十分に理解していないために、真実を伝えられないのです。

ユーザーへの共感を深めたいデザイナーにとっては厳しい言葉に思えるかもしれませんが「誰もが嘘をつく」という言葉の方が、「ほとんどの人は、他の人といるときに想像上やもしもの状況で自分の好みや行動を上手に伝えたり予想できない」という言葉よりも、ずっと簡潔で頭にも残ります。

リサーチャーとしての挑戦は、適切な質問と観察で必要な情報を得る方法を見つけ出すことです。

誰かのプライベートに踏み込むわけではありません。心にどう入り込むかは、まず相手の招待を受けた上で考えるべきです。心の吸血鬼のよ

うに無理やりではなく、相手の許可を得てからです。相手に面と向かって直接質問すると、相手に反発され、決まり文句のような役に立たない回答を得ることがあります。

実際に投げかける質問と、実際に知りたい質問は、異なる質問です。例えば、「このプロダクトに50ドル払いますか？」と尋ねたら、誤った解釈を引き出す恐れがあります。

人々が将来どのように行動するかを知りたい場合、人々に過去の実際の体験について話してもらう必要があります。ターゲットユーザーのニーズに合致したプロダクトを設計するには、ターゲットユーザーの習慣や行動、人間関係、環境といった要素を理解し、それらの知識を実際に活かせる洞察に変えなければなりません。得られた洞察によって、推測に頼らずに自信を持って設計を進められます。

エスノグラフィーとは何か？

エスノグラフィーは、特定の文化的なグループの活動や考え方を理解し、普段通りの行動を観察する定量的ではなく、定性的な手法です。

大まかに言うと、エスノグラフィーは基本的に「人々は何をしていて、その行動の背後にある理由は何か？」という問いを追求します。ユーザーリサーチの文脈では、この問いに「これらの行動や動機が私がデザインするプロダクトやサービスの成功にどう影響するのか？」という問いが加わります。

私たちは日常生活の中で常に人々を観察しています。例えば、「バスに乗っているその人は、私に何かを伝えようとしているのか、それとも単にヘッドセットで大声で電話会議をしているだけなのか」といった疑問を抱くこともあります。私たちの多くは、観察した興味深くおもしろい行動について誰かに話をした経験があります。ユーザーリサーチを効果的に行うためには、視点を少し変えて、「私がデザインしているプロ

ダクトは、この人とどのように対話（インタラクション）すべきか？」
と自問することが重要です。そして、偏見を持たずにアプローチするこ
とで、人間の観察力を最大限に活かせます

デザインエスノグラフィーの4つの「D」

　人間の行動、習慣、そして物質文化は非常に複雑で多層的なものです。
エスノグラフィーという研究分野も、その対象となる現象の複雑さと同
様に、深遠で繊細なものです。このChapterで紹介する実践的な方法は、
プロダクトデザインの文脈において人間の貴重な洞察を引き出すための
核となるアイデアを、より実践しやすく、簡潔にしたものです。
　具体的なテクニックや専門用語に注目しがちですが、ユーザーリサー
チを成功に導くためには、以下の重要なポイントを忘れずにいてくださ
い。

■ Deep dive（深い探求）

　皆さんは、少数でも代表的なユーザーに深く共感し、理解を深めたい
と思っています。そのためには、大勢の人に対して多くの質問をするの
ではなく、ほんの数人のユーザーと心を通わせることを意味します。大
切なのは、ほんの数人のユーザーの立場に立って彼らの日常生活を直接
体験し、彼らの視点から世界を見ることです。このアプローチを通じて、
皆さん自身に合った、少し変わった方法かもしれない感情移入を見つけ
てください。

■ **D**aily life（日常生活）

　抑制したいというコントロールの衝動に立ち向かい、混沌として予測不可能な「現実」に飛び込む勇気を持ちましょう。この「現実」とは、ターゲットユーザーが日常的に過ごす場所であれ、オフィスのキューブスペース（小部屋）であれ、ロンドンの地下鉄であれ、場所を選びません。日常の流れを観察することで、生活がいかに予測不可能で、複雑で、時には困難であるかを理解できます。全てがスムーズでシンプルな理想のシナリオを想像するのは簡単ですが、現実の人生はそれほど単純ではないのです。現実は、シムシティのゲームがニューヨーク市の実際の資源配分にどれほど役立つかを考えるようなシンプルなものではありません。

　直接か遠隔かを問わず、参加者の観察が重要です。誰もが、状況や環境によって行動を変えます。実際の環境に入り込みましょう。会議室での人々の振る舞いを観察しても、それほど意味があるとは言えません。なぜなら、会議室は人々が自然な行動を取る場所ではないからです。反対に、参加者の自宅や日常のオフィス環境での行動を観察したり、電話をかけて直接話を聞いたりすることで、予期せぬ瞬間に深い洞察を得られます。

■ **D**ata analysis（データ分析）

　現場で詳細な観察データを収集することは、プロセスの始まりにすぎません。全てのデータを集めたなら、次はデータを細かく分析して、データが何を示しているのかを明らかにする作業が必要です。この段階が、単に新しい人々に出会うネットワーキングイベントと、実質的なエスノグラフィー研究を区別するポイントです。カジュアルなアプローチも可能ですが、データの深い理解には、時間をしっかりと取り、チームで協力し、実用的なモデルの開発が求められます。

■ Drama!（ドラマ）

　鮮明な物語を通じて、チーム全員がユーザーの行動を同じように理解
し、その理解に基づいて行動するのに役立ちます。実際の人々の日々の
生活を基にして作り上げられた「ペルソナ」という架空の主人公を用い
ることで、そのペルソナが皆さんのデザインしたプロダクトをどのよう
に利用するかのストーリー、すなわちシナリオが描かれます。ペルソナ
を用いることは、デザインプロセスにおいて皆さんが誠実であるよう促
します。自己満足や上司の指示に従うのではなく、ペルソナのニーズを
満たすデザインを心がけることが大切です。

インタビュー

　インタビューの目的は、作っているものの使い方に影響を与えてしま
うかもしれない、あらゆるものを学ぶことにあります。良いインタ
ビューは、実践を積み重ねて身につける技術です。良い話し手でなけれ
ばならないというのは誤解で、良いインタビューとは、実際は話すのを
控えることなのです。

　覚えておいてほしいのは、インタビューを受ける人は、好かれたいと
思っています。相手は自分の賢さをアピールしたいと思っています。皆
さんが誰かにインタビューするとき、相手のことを何も知りません。前
に見たこともない魅力的な対象、つまりその人を学んでいるのです。

■ 準備

　話す相手と何を知りたいのか決まったら、インタビューガイドを作成
します。インタビューガイドはインタビュー中に話題から逸れることな
く必要な情報をすべて得られるようにするために、持っておくべきド

キュメントです。

インタビューガイドには以下の内容を含めるべきです。

・**調査の目的と説明**：相手に伝え、自分自身も話題から離脱しないようにリマインドするために使います。

・**基本的で人口統計学的な質問**：相手の回答に適切な文脈を与えるために使います。インタビューの目的によって異なりますが、名前、性別、年齢、居住地、仕事の肩書きや役割などがよく含まれます。

・**アイスブレイクやウォームアップの質問**：相手が話し始めるきっかけを作ります。多くの人が「世間話」と認識しているものです。人口統計情報を使って、自由に話題を選んで良いです。

・**実際の質問とトピック**：インタビューで主に聞きたい話題です。

議論するトピックや人物について、ある程度の背景情報を収集しておくべきです。議論する分野が自分にとって未知のものであれば、特に必要です。

■ インタビュー構成：ゆるい結びつきで進める3つのフェーズ

インタビューは、演劇やスポーツジムのスピンクラスのように、導入、本編、まとめの3つのフェーズから構成されています。

導入

笑顔で自己紹介し、インタビューを受けてくれた相手に話す時間を作ってくれたことへの感謝の気持ちを表現しましょう（たとえ相手が多額の報酬を得ている場合でも、特に忙しいスタッフが仕事の合間を縫って時間を割いてくれている場合でも、同じように感謝の気持ちを表現しましょう）。

会話の目的とその話題を説明する際には、相手の答えに影響を及ぼさない範囲で簡潔に説明してください。収集された情報がどのように活用

され、共有されるかも詳しく説明し、会話の録音については相手から明確に許可を得てください。

プロセスに関して質問があるかどうか尋ねてください。

次に、確認が必要な事実や人口統計情報に移ります。収集した情報は、ウォームアップのための話題として利用します。例えば「サンディエゴにお住まいなんですね。そこで何をされるのがお好きですか？」などです。

本編

形式的な挨拶を済ませたら、いよいよインタビューを掘り下げる時間です。相手が話好きな場合、最初の質問だけで、すべての回答が得られるかもしれません。

「はい」や「いいえ」で答えられるクローズドな質問ではなく、相手の発言を促すオープンな質問をしましょう（クローズドな質問の例：「マーケティング部門とはよくコミュニケーションをしますか？」 オープンな質問の例：「仕事の中で、どのような社内の部署とコミュニケーションをしますか？」）。

相手があるトピックについて十分な情報を提供してくれない時は、「それについて、もっと詳しく話してもらえますか？」といった、さらなる情報を求める質問やトピックを掘り下げる質問をしてみてください。

相手に自分のストーリーを話してもらうためには、一時的な沈黙も我慢しましょう。沈黙の居心地の悪さに慣れてください。会話が途切れたとしても、急いで取り繕う必要はありません。その仕事は話している相手に委ねるべきです。

質問のリストは、台本ではなくチェックリストとして使用します。質問をそのまま読みあげると、自動音声通話によるアンケートのように聞こえてしまいます。

まとめ

　探していた情報が手に入り、さらに理想的にはそれを超える情報が得られたら、まとめに向けて徐々に進みます。「私の質問はこれで終わりです。今日話した内容について、何か付け加えたいことはありますか？」と尋ねてみてください。

　時間を割いてくれたことに感謝し、インセンティブやプロジェクトの次のステップなど、事務的な情報を説明します。

　仮に、インタビューが生産的ではない状況に陥った場合には、早めに打ち切ることを恐れてはいけません。時にはインタビュー相手が口ごもったり敵意を持ったりすることもあります。それは起こりうることであり、その場合の最善の選択は次の対象者に移ることです。全ての質問に答えるまで最後まで頑張らなければならないというルールは存在しません。相手には最後まで友好的に礼儀正しくして、自分の役割を果たしましょう。

■ インタビュー時のポイント

　皆さんは、インタビュアーとしてホストとリサーチャーの二役を担います。まず、相手が安心感を持てるような態度を示すことから始めます。相手が安心感を得るとより多く、そしてより質の高い情報を話してくれるようになります。リラックスした相手は心を開き、より正直になることが多いです。

　相手が話し始めるよう促した後は、邪魔にならないようにしてください。目立たない、中立的な存在として、相手の話をじっくり聞くことを心がけましょう。相手を自分自身を最もよく知る専門家だと思って、その話をじっくり聞くことが大切です。話題を正しい方向に戻し、さらなる説明を求める必要がある時だけ間に入ってください。インタビューが特にうまくいっている時は、発言する機会がほとんどなくても、質問に対する答えを全て得られていると感じるはずです。

深呼吸をすること

　インタビューでは、自分はステージの上にいるような気分になり、気づかないうちに緊張してしまいがちです。しかし、自分の緊張は相手に伝わることがあるため、深呼吸して、リラックスして観察することを忘れないようにしましょう。

アクティブリスニングの練習

　相手の会話にあわせて、「うんうん」と興味を示す相槌を打ちましょう。対面でのインタビューの場合は、話している相手を見て、頷くようにしてください。回答が長くなると、時には関係のない考えが頭をよぎるかもしれませんが、注意を怠らず相手に集中しましょう。

曖昧な回答に注意を払うこと

　皆さんは詳細な情報や具体的な情報を求めています。いつでも「それはなぜですか？」や「それについてもっと教えてください」といった探求的な質問をする準備をしておきましょう。

自分について話さないこと

　アクティブリスニングを続けていると「私も似たような経験があるんだけど…」という話をしたくなることがあります。インタビューは皆さんの意見を聞くものではないにもかかわらず、このことを思い出すのはとても難しく、避けるためには練習が必要です。もし相手の話に自分の話を差し込んでしまった場合は、落ち着いて話を戻しましょう。

お役立ちチェックリスト

　この効果的なユーザーリサーチ・チェックリストは、フィンランドのイノベーション基金のSitraがサポートしているヘルシンキデザインラボが作成した「エスノグラフィー・フィールドガイド」から作ったもの

です[32]。

・相手がリラックスできるような温かい雰囲気を作り出しましょう。

・自分が話すより、相手の話をよく聞きましょう。

・相手の思考や行動をできるだけ正確に把握しましょう。

・リサーチ対象の行動が実際に行われている場所、つまり対象者のいる環境へ足を運びましょう。

・リサーチの目的は簡潔に伝え、回答を誘導しないよう注意しましょう。

・相手には自然体でいてもらい、思ったことを率直に話してもらいましょう。

・誘導的な質問や単純な、はい、いいえで答える質問を避け、相手の回答を掘り下げる質問をしましょう。

・質問事項は事前に準備しておくのが大切ですが、状況に応じて柔軟に変更するのも重要です。

・観察結果を視覚的に記録するために写真を撮りましょう。

・録音を終了した後も、相手に注意をし続けてください。予想外の発言に出会うかもしれません。

　なるべく自然な会話と態度を心がけてください。質問しなくても、ユーザーが会話の中で情報を提供してくれるとしたら、素晴らしいことです。質問は、相手に自分が考えもしなかった状況、態度や行動についての話をしてもらうためのきっかけです。会話が飛躍しないように必要な情報を与えるのは大切ですが、回答に影響を与えないように注意しましょう。

　次のリストは、皆さんのニーズに合わせて変更できる質問の例です。

・昨日はどう過ごされましたか？　お仕事の内容についてもお聞かせください。

・前回のお休みはどう過ごされましたか？

※ 32―リンクはサポートサイトを参照してください。

・親しい人とどのような方法で連絡を取っていますか？

・どのようなコンピューターやデバイスを使っていますか？

・最近購入した商品の「ジャンル」について教えてください。

・ご家庭について教えてください。

■ 収集したデータの扱い方

インタビューはエスノグラフィックリサーチの基本です。インタビューを完了したら、集めたデータをまとめて分析し、ユーザーのニーズ、優先事項、行動パターンやメンタルモデルをまとめて見出しをつけてください。インタビューで聞いた具体的な言葉や表現を記録し、実際のインターフェースにユーザーの考え方や話し方を反映できるようにしましょう。

もしジェネレーティブリサーチを行っているのであれば、発見したニーズや行動をもとに、解決すべき問題を明らかにしてください。ユーザータイプごとにまとめた情報は、開発中のプロダクトやサービスが終わるまで使えるペルソナに変えてください（詳しい例はChapter8を参照）。

コンテクスチュアル・インクワイアリー（文脈的調査）

エスノグラフィックインタビューに自信がついたら、そのスキルを現場で試してみましょう。リアリティ番組に興味があるなら、コンテクスチュアル・インクワイアリー（現地視察や家庭訪問とも呼ばれます）が魅力的に感じられるでしょう。ただし、観察するのはリアリティ番組の「プロジェクト・ランウェイ」のような派手で非現実的な場面ではなく、「プロジェクト・コンファレンスコール（電話会議）」や「ホームオフィス（在宅ワーク）の日常」、または「土曜日の朝の買い物」といった実

際の日常生活の場面です。調査対象者の日常生活に足を踏み入れ、興味のある行動を直接観察することで、インタビューでは決して聞き出せない実際の行動や、無意識に行っている普段の工夫など、小さな発見ができます。

　コンテクスチュアル・インクワイアリーは、エスノグラフィックインタビューや観察をより深く掘り下げた調査手法です。この手法は、プロダクトのシナリオを正確に作成するのに適しています。将来的に追加される機能に、ユーザーがどのように反応するかの具体例を集め、プロダクトの利用方法に影響を与えるユーザー環境の特徴を見つけ出すのにとても役立ちます。

　金融ソフトウェア大手のインテュイット（Intuit）の創業者であるスコット・クック（Scott Cook）は、同社の創業期に「フォロー・ミー・ホーム」という取り組みを導入しました[33]。彼は実際に、オフィス用品店のステープルズで「Quicken」の購入者を待ち、購入者が自宅でソフトウェアを使う様子を直接観察するために、彼らの後を追いました。この家庭訪問によって、ユーザーがソフトウェアの設定で直面した問題を発見し、初回利用時の体験の改善につなげられたのです。

　以下は、コンテクスチュアル・インクワイアリーを行う際に留意しておくことです。

・**移動**：現場に到着してから準備に十分な時間を確保してください。
・**場所の確保**：参加者の日常を邪魔しないで、自然に会話ができる場所を見つけてください。
・**インタビュー**：参加者との信頼関係を築き、何を観察するか理解を深めます。質問する時は最適なタイミングを見計らってください。
・**観察**：観劇と同じです。あなたは観るのです。できる限り詳細をすべて記録してください。観察の時点では関連性が見えなくても、後で意

※ 33―リンクはサポートサイトを参照してください。

味が明確になります。質問する際は、場を乱さないようにしましょう。

・**まとめ**：学んだ内容を整理し、参加者にあなたの観察結果の正確性を確認してもらいます。もし参加者があなたの見解に異議を唱えても、あなたの観察は正確である可能性があります。矛盾する意見は、価値のあるデータになることがあります。

コンテクスチュアル・インクワイアリーは、新たなインスピレーションをもたらします。この手法を用いると、自分が気づかなかった問題や機会に出会い、斬新で予想外なアイデアにつながる可能性があります。自分が思い描いていたニーズが実は全く求められておらず、新しい何かが必要とされているのを受け入れる心の準備をしてください。自分が立てていた計画や先入観は喜んで手放しましょう。

フォーカスグループ：避けるべきもの

想像してみてください。一つの会議室で、様々な背景を持つ「**普通の**」人々が集まり、それぞれのブランドが集まった人たちにどのような感想を抱かせるかについて熱心に議論しています。場の雰囲気は明るく、しかし影響力を持ったモデレーターがリードし、マジックミラーの向こう側では、バインダーを手にした観察者たちが注意深く様子を見守っています。フォーカスグループは、大衆文化において定性調査の典型例とされ、ユーザーリサーチを「フォーカスグループ」と同一視することはよくある話です。

フォーカスグループは、社会学者ロバート・K・マートン（Robert K. Merton）によって考案された「集中的グループインタビュー」が起源です。マートン自身が指摘しているように、フォーカスグループが本来の意図から逸脱し、誤用されることが増えている現状には、マートンも懸念を示しています。

フォーカスグループには問題が伴うことが多くあります。中には、詐欺行為に近い状況も見られます。フォーカスグループには目的にあわせたプロの被験者たちがいます。たとえ、被験者が適切に選ばれたとしても、フォーカスグループは研究のアイデアの単なる出発点にすぎないとされています。これらの問題は、フォーカスグループの信頼性や有効性に疑問を投げかけるものです[※34]。

　フォーカスグループはエスノグラフィーとは全く異なる方法で進められます。個人インタビューや日常の環境での観察とは異なり、フォーカスグループは実際にプロダクトが使われる場面とは大きく異なる、人工的な環境で行われます。このような設定は、社会的に望ましい反応を引き出すバイアスを生み、グループ内の特有の圧力が、人々が本当に必要とするものや自然な振る舞いについての正確な理解を阻害します。加えて、グループにふさわしくない参加者がいると、そのミーティングの全体的な価値を下げる可能性があります。

　グループでの活動は、時にデザインプロセスに役立つ洞察を与えることがあります。ただし、フォーカスグループはしばしば高額な「リサーチのための演劇」となってしまいます。リサーチのための貴重な時間や資金を、「リサーチのための演劇」パフォーマンスに消費するのは避けた方が賢明です。

※ 34—リンクはサポートサイトを参照してください。

トーキング・キュア[※35]、ウォッチングキュア

　実際に自分がデザインするプロダクトやサービスを必要とする人々に話を聞き、観察することに代わるものはありません。数回の電話が自分の仕事の進め方を完全に変えるかもしれません。あるいは、自分の直感が最初から正しかったという結果になるかもしれません。いずれにせよ情報は、収集し続けて検討することで、デザインの決定を人間のニーズと行動に根ざしたものにし続けるという価値を提供します。

　自分自身から一歩を踏み出し、効果的なデザインエスノグラファーとしての能力を高めることで、創造的で有効な解決策を見出すための強い共感を育むことができます。

※35―トーキング・キュアは、フロイトによって提唱された精神分析療法の一つであり、患者と治療者が対話を通じて心の問題を解決しようとする治療法です。エスノグラフィーとトーキング・キュアを組み合わせることで、被験者の文化的背景や社会的要因を考慮しながら心の問題を理解し、リサーチに活かすことが可能です。

競合リサーチ

Competitive Research

「競合」は次の中のどれでしょうか?

a)「いません!私たちと同じようなことは誰もやっていません!」

b)「私たちの分野で市場シェア上位5社が競合です」

c)「Googleで『関連キーワード』を検索して最初のページに表示される全てが競合です」

正解は、bとcに加えて、Facebook、X(Twitter)、Hulu、Wikipedia、K-POPのYouTubeチャンネル、一度でもスタートアップのアイデアを思いついた人々、余計なお世話を焼く隣人、ドッグパークにいる全ての人、慣性、不安、恐怖、企業の官僚制、投じたインフラコスト、記憶喪失、ダクトテープとバブルガムでの間に合わせの修理、ソファでくつろぐこと、あなたが聞いたこともないセルビアのハッカー、最近の子どもたちがしていること、ある腸内専門医がアメリカ人に食べるなと強く勧める変わった果物、そして人が時間やお金を使ってするその他あらゆることが含まれます。

最も手ごわい競合は、ターゲットユーザーがすでに利用しているプロダクトです。皆さんのプロダクトを選ぶために、競合のプロダクトを使うのをやめる必要がある場合、ユーザーは切替コストを考える必要があります。人は怠け者で忘れっぽく、習慣に縛られた生き物です。ターゲットユーザーが変化を嫌う以上に、皆さんのプロダクトを愛する理由が必要です。

Chapter6がユーザーリサーチに続くのには理由があります。皆さんは、ビジネス上の競合が誰であるか知るのはもちろん(それは大体明らかです)、ターゲットユーザーの心の中で注意を引く競争相手も理解する必要があります。興味は最も貴重な資源であり、皆さんが生き残るために必要なものです。高額な商品をごく少数の人々に販売することが目的でないのならば、興味を習慣に変えていく必要があります。

市場は希望的観測を抱く場所ではありません。外の世界は絶えず変化する厳しいジャングルです。皆さんの作るものは、「エイリアン」のように周りに適応して生き残っていく必要があります（ただし、より快適なユーザーインターフェースを備えて）。生き残るためには環境と競合をよく理解する必要があります。

　さて、知るべき競合の範囲を大きく広げたら、どのように調査対象を絞り込んでいくのでしょうか？

　まずは、ターゲットユーザーの生活において、皆さんが果たしたい役割と、その役割を果たす上で影響を与える長所と短所を徹底的に検討することです。

　競合リサーチは、競合企業を広い視野で見ることから始まります。参考にしたい手法や顧客を見つけ出すことが一つの目的です。同時に競合が同様の問題をどのように解決しているかを理解し、独自の価値提供の機会を特定することを頻繁に素早く行う必要があります。「顧客にとって何が重要か？」（ユーザーに対する質問）を問うだけでなく、「ニーズに対して、競合よりもどのように優れたサービスを提供できるか？」（プロダクトに対する質問）、「ターゲットユーザーに対して、私たちのプロダクトが優れていると伝えることができるか？」（マーケティングに対する質問）を常に問う習慣を身につけることが重要です。

　競合が何をしているかを見るとき、内部にスパイがいない限り、外から見える情報しか得られません。ユーザーも同じように見ていますので、ここではユーザーリサーチは役に立ちません。競合が特定の方法で物事を行っている理由を特定する（またはよい推測をする）には、もっと深く掘り下げ、批判的に考え、推測する必要があります。

SWOT 分析

アルバート・S・ハンフリー（Albert S. Humphrey）は、SWOT分析[36]を開発した経営コンサルタントです。強み、弱み、機会、脅威を2×2の表に整理して、戦略立案に役立てます（図6.1参照）。自分の組織での仕事（あるいはクライアントの組織について調査したこと）で、自分（あるいはクライアント）の内部の強みと弱みについてよくわかるはずです。

	ポジティブ	ネガティブ
内部	**強み** 評判 素晴らしいスタッフ	**弱み** 社内のデザインリソースは、オンライン技術よりも展示物に重点を置いている
外部	**機会** 地域社会は、週末に家族で楽しめる活動を求めている 土曜日の活動を担当する父親が増えている	**脅威** 注目を集めるための競争が激化している 学校での遠足の機会が減少している

図 6.1：シンプルなマス目で整理された SWOT 分析は、競争上の立ち位置を把握するのに役立ちます。

4つの特性を記載したら、ユーザー体験の中で強みを増幅し機会を最大限に利用する部分と、弱みを緩和し脅威に対抗する部分を特定できます。

強みと機会は、競争上の優位性を築きます。知識は競争上の優位性です。皆さんが競合調査を行い、競合が調査を行わなければ、優位に立てます。特に、競争における機会と脅威に注目すべきです。

※ 36―リンクはサポートサイトを参照してください。

競合調査

　競合と自社ブランドの属性を特定したら、自社が業界内でどのような立場にあるかを把握するための調査を進めます。ただ競合を調べるだけではなく、検索を用いて市場における他の関連する企業や影響力のある人物を探し出します。ユーザーインタビューで反復して言及されるプロダクトやサービス、または類似の問題を扱うことで尊敬を集める人物も、分析対象に加えるべきです。

　競合のリストから、競合の取り組みの中で最も関連性があり、利用しやすい要素を見極めます。対象となるのは、競合のウェブサイトやモバイルアプリ、地域に設置されている情報キオスク、Facebookでのグループ活動、または第三者が運営する店舗の展示などです。

　各競合、サイト、プロダクト、サービス、タッチポイントについて、次の項目を分析します。

・自分たちのプロダクトをどのように位置づけているのか？ 何を提供すると言っているのか？
・ターゲットは誰か？ 皆さんのターゲット層やユーザーとどう重なるのか、あるいは重ならないのか？
・主な差別化要因は何か？ ある場合は、ターゲットにとって独自の価値を生み出している要因は何か？
・皆さんが持つポジティブまたはネガティブな特性をどの程度体現しているか？
・解決しているユーザーのニーズやウォンツは、皆さんが提供している、あるいは提供したいと望んでいるものと重なるのか、あるいは重ならないのか？
・特に良い点あるいは悪い点で、何か気づいたことはあるか？

ブランド調査

　競合のポジショニングや差別化の方法を理解するだけでなく、自社のブランドについても真剣に考えてみてください。自社のブランドは、必要な役割を果たし、ユーザーに提供する体験全体に対して、適切な期待値を設定していますか？　見直しや改善の余地はありますか？

　ブランドとは要するに、皆さんのアイデンティティと信頼を現在の顧客や潜在顧客に示すものです。この信頼は、ユーザーにとって良いサービスであることを約束し、多くはユーザーの心の中にのみ存在します。ブランドが強ければ、多くの人の心に素晴らしいイメージが生まれます。コカ・コーラはカフェイン入りの砂糖水でありながら、世界中で好感を持たれる素晴らしいブランドです。ブランドマーケティングには相当な努力が継続的に求められますが、すべての人がそのような取り組みを必要とするわけではありません。

　多くのインタラクティブなプロダクトやサービスでは、「ブランド」とは実際にはサービスそのものを指します。ブランド体験はユーザー体験そのものであり、インターフェースのビジュアルデザインはブランドアイデンティティの一部です。また、インターフェースの言語はそのブランドの個性を表しています。

以下は、ブランドに関して押さえておくべき質問です。

・**属性**：皆さんのブランドやプロダクトは社内外の人々にどのようなイメージを持ってもらいたいですか？ 反対に、イメージさせたくない特性は何ですか？

・**バリュー・プロポジション（価値提案）**：皆さんのプロダクトやサービスが提供する、他社にはない特別な価値は何ですか？ また、皆さんのブランドはその価値をどのように伝えていますか？

・**顧客の視点**：既存顧客や潜在顧客にエスノグラフィックインタビューを実施する時、顧客は皆さんのブランドに対してどのようなイメージを持っていますか？

ブランドの価値は、市場によって大きく異なります。例えば、町で唯一のクリーニング店のように競合が存在しない場合、必要なのは潜在顧客にブランドの存在を知らせるための名前だけです。しかし、ターゲット顧客が多く、競争が激しくなったり、生活に必須ではない「高級」な商品やサービスを提供したりする場合は、ブランディングの重要性は増します。ペプシやティファニーがブランディングを重視するのは、まさにこのためです。

　競合のブランド分析を行う際には、ブランド価値の要素に留意してください。同じカテゴリーのもの同士を比較しているのか、それともAppleとスターブライト・クリーナーズ（デッキ用洗剤）を比較しているのかを確認しましょう。

■ 名称

　ブランド名はそのブランドの最も重要な要素です。良い名前の基準は、市場によって様々ですが、少なくともユニークで、明確で、書きやすく、言いやすい必要があります。.com のドメイン名の重要性が昔ほどではなくなった現在では、短い名前を見つけなければならないというプレッシャーは減っています。

■ ロゴ

　インターネット業界の大物がオフィスに突然やってきて言いました。「ロゴマークの時代はもう終わりました。今、大切なのはURLです。人々はURLで皆さんを見つけます。」

　その大物の意見はもちろん間違っていました。しかし、インターネット事業にとって、ロゴが必ずしも重要なわけでもありません。正解は「状況次第」です。この、状況次第という事実が、ロゴに99ドルから500万ドルの費用がかかる理由でもあります。

　ロゴはブランドを象徴するもので、ワードマーク、バッジ、アプリアイコン、ファビコンなど、形態は様々です。どのロゴを選び、ロゴの制作にどれだけ費用をかけるかは、人々が皆さんのプロダクトやサービスを見分け、競合と区別する必要があるかどうかによって決まります。

　既に確立されたスポーツ用品ブランドのロゴは、一見何も変わらない靴やショートパンツに、関連するスポーツ選手の素晴らしい魅力を与え、何十億円もの収益を生み出す力があるため、大きな価値があります。しかし、ナイキが新しいブランドだった頃、一人の学生がほんのわずかな報酬と株式の一部で、今や象徴的なスウォッシュマークをデザインしたのです。

　新しいウェブアプリのロゴはそれほど重要ではありません。顧客は普段、ロゴだけで特定のサービスと別のサービスを区別することはありま

せん。ブランドの宣伝が必要になるまでは、ウェブアプリの名前や機能性の方がずっと重要です。

　ネイティブのモバイルアプリは、アイコンのサイズや形状に厳しい制約があるため、新しい別のレベルで挑戦が必要です。アプリアイコンは限られたスペース内で、ユーザーが異なるアプリだと区別できるように違った努力が必要です。なぜなら、スマートフォンのホーム画面を見て、どのアイコンでどのアプリが開くのか直感的に理解できることが重要だからです。

　ロゴの効果的な評価を行うには、ターゲットユーザーがロゴに直面する可能性のあるすべてのコンテキストを列挙し、同じコンテキストで競合のロゴを確認します。また、ロゴが単独で表示されるのか、それとも非常によく知られたブランドやプロダクト体験と一緒に表示されるのかも確認し、ブランド全体の表現における相対的なロゴの重要性を確認します。

■ 総合評価

　ブランドの中核となる属性（ポジティブ、ネガティブの両方）を特定したら、プロダクト名とブランド属性が、ブランドの個性をどれだけ反映し、伝えられているかを評価します。

競合へのユーザビリティテスト

　自社のプロダクトだけでなく、競合のプロダクトもテストしましょう。タスクベースのユーザビリティテスト（Chapter7で説明）を行って、競合のウェブサイトやアプリケーションを評価できます。ユーザビリティテストにより、ユーザーの視点で競合の強みと弱みを理解し、自社の強みを伸ばすための機会を見つけ出し、ターゲットユーザーが基本的なタスクや重要な機能をどのように認識しているかの洞察が得られます。

ニッチな時代

　皆さんがデザイン設計するプロダクトが競争状況にどのように適合するかというリサーチテーマは、あらゆるリサーチテーマの中で最も変動が激しいテーマかもしれません。日々、新しい選択肢が登場し、プロダクトカテゴリーが変化しているのが現実です。ユーザーの視点に立つことで、皆さんの会社、プロダクト、メッセージがどのようなものであるかを理解し、競争優位性を築くことができます。ユーザー中心のアプローチ手法を通じて、自社の強みと弱みを明らかにし、メッセージを明確にし、イメージの向上が可能になります。

評価的リサーチ

Evaluative Research

30分もしないうちに「ああ、これはダメだ」と気づきました。「大変だ、完全に失敗してしまった」と。
—写真共有サービス「Color」の創設者、ビル・グエン（Bill Nguyen）^{※37}

要件をはっきりさせ、ユーザーを理解し、競合調査をする最初のステップは、適切なデザイン解決策を考える上で役立ちました。これは、素晴らしいことです。次に、実際のユーザーと目的に対して、デザインがどの程度機能するかを評価することが、大々的な公開に先立って非常に重要です。

評価とは、皆さんのデザインの価値を判断することです。プロジェクトを通じて常に行うべきリサーチです。どの評価方法を選ぶかは、プロジェクトの進行段階によって異なります。

評価の初期段階では、ヒューリスティック分析やユーザビリティテストを行います。再設計する前に、既存のサイトやアプリケーションをテストできます。もし競合のサービスやプロダクトにアクセスできるなら、それらのサービスをテストできます。さらに、ラフスケッチや、スピーカーを通じて、友達に音声アプリの真似をしてもらうテストもできます。

サイトやアプリケーションが稼働し始めれば、非公開のアルファ版であっても、定量データを収集出来ます。また、分析機能を使用して、実際にユーザーがシステムをどのように利用しているか、期待通りかを把握できます。

機能的なデザインの評価には、定量と定性、両方の手法を組み合わせるのが最良です。定量データは数字で何が起きているのかを示し、定性

データはその現象がなぜ起きているのか理解するのに役立ちます。

ヒューリスティック分析

　派手な名前（ギリシャ語のheuriskein「見つける」に由来する）にもかかわらず、ヒューリスティック分析は、ユーザビリティを評価する最も手軽な方法です。英語での「ヒューリスティック」は、簡単に言えば「経験に基づく」という意味です。ヒューリスティックとは、定性的なガイドラインであり、ユーザビリティに関する一般的に認められた原則です。インタラクティブシステムの利用とデザインに関する知識が豊富であればあるほど、ヒューリスティック分析がより得意になります。

　ユーザビリティのパイオニアであるヤコブ・ニールセン（Jakob Nielsen）と彼の同僚であるロルフ・モリッチ（Rolf　Molich）は、1990年にヒューリスティック分析を考え付きました[38]。評価者（少なくとも2人か3人、理想的には3人）が、ユーザビリティの原則に基づいたチェックリストを手に取り、サイトやアプリケーションを個別に評価し、それぞれの原則に対して評価を行うものです。

　次のリストは、ニールセンの10のヒューリスティック[39]です。

・**システム状態の可視性**。システムは適切なフィードバックを提供する。
・**システムと実世界の一致**。ユーザーに馴染みのある言語を使用し、慣例に従う。
・**ユーザーの制御と自由**。緊急離脱、取り消し、やり直しのための手段を提供する。
・**一貫性と標準化**。同じように見えるものは同じように振る舞う。
・**エラー防止**。発生したエラーからユーザーを離脱させるだけでなく、事前にエラーを回避できるようにする。

※38・39─リンクはサポートサイトを参照してください。

- **思い出すよりも認識できるように。** オプションは見えるようにする。指示は見つけやすくし、ユーザーに情報を覚えさせない。
- **柔軟性と効率性。** 熟練ユーザーのためのショートカットを提供する。
- **審美的でミニマルなデザイン。** 無関係な情報を提供しない。
- **ユーザーのエラー認識とそこからの回復。** エラーメッセージは役に立つものでなければならない。
- **ヘルプとドキュメント。** 理想としてはドキュメントがなくても使えるシステムであるべきだが、ヘルプは必要でありタスク指向であるべき。

　10項目のうちのいくつかは、システムデザインで最も軽視されているエラーの予防と回復に焦点を当てています。アプリケーションが「不明なエラー」と表示したり、何の指示もない役に立たないエラーコードを表示したりするたびに、誰かがヒューリスティックな評価を行うべきだったと感じるでしょう。

　ヒューリスティック分析の利点は、潜在的な問題を素早く安価に特定できることです。ユーザーの参加を必要としません。2人の同僚を招けば、1時間もあればできます。ユーザーを集める前に、初期のプロトタイプの明白な問題に対処するための優れた方法です。

　ヒューリスティック分析の欠点は、とても単純化されているため、コンテキスト内で発生するすべての問題を捉えきれない可能性があることです。経験の浅い評価者は、すべての問題に気づかないかもしれませんし、評価者によって見過ごされる問題は異なります。専門的な評価者の中には、実際のユーザーには影響を与えない問題を見つける人がいるかもしれません。ヒューリスティック分析は、ユーザーとシステムの関係ではなく、システムそのものに焦点を当てます。したがって、テクノロジーに精通した人が少なく、人材確保が難しかった時代には、そのメリットがより大きかったのです。

　ヒューリスティック分析は、ユーザビリティテストの代わりにはなりませんが、健全性をチェックするのに役立ちます。ユーザビリティに大

きな欠陥のあるサイトやアプリケーションが数多く存在することからも、ヒューリスティック分析が有用であることを示しています。

　社内で行われるすべてのデザインレビューは、ミニヒューリスティック分析の機会と考えられます。大規模なデザインリニューアルのプロジェクトに着手しようとしているのであれば、ユーザビリティテストを通じて主要な問題を見つけ出すことは、とても意味のあることです。

ユーザビリティテスト

　ユーザビリティ（使いやすさ）は、人間が使用するうえでデザインされたものに対する絶対的な最低基準です。もし、あるデザインが、ユーザーの意図した使い方を妨げているならば、そのデザインはユーザー中心設計の観点からは失敗です。

　ユーザビリティに関する膨大な知識を持っているにもかかわらず、私たちの周りには使えないものがあふれています。まったく理解できない「ユニバーサル」リモコン、入力されたデータを無駄に破棄する不便なウェブフォーム、外からしか開かないように見える紛らわしいドアもあります。使えないものが使われるたびに、世界に少しずつ人々の「悲しみ」が増えていきます。

　ユーザビリティは基本的なマナーと同等の重要性があります。デザイナーや開発者として、ユーザビリティに気を配るか、無視するかは、プロダクトやサービスの成功に大きな影響を与えます。特に、顧客が代替品に簡単に切り替えられる場合、ユーザビリティはさらに重要な要素となります。

　システムのデザインと構築が複雑であればあるほど、ユーザビリティを確保するためには多くの作業が必要になりますが、常にそれらの作業には行う価値があります（一連の機能をシンプルに保つことが大事であることも示します）。市場投入を急ぎたいという気持ちをユーザビリ

ティより優先すると、競合が皆さんの機能をすべてコピーし、使いやすさを飛躍的に向上させてしまい、競争上の優位性が失われる可能性があります。ユーザビリティに対する障壁は、販売に対する障壁でもあります。

■ 飲ませないで

ユーザビリティテストを行うことで、不要な問題を世に送り出すことを防ぎ、それらの問題がブランドイメージに悪影響を与えることも避けられます。

ニールセンによると、ユーザビリティは以下の5つの要素からなる品質特性と説明されています[40]。

・**学習のしやすさ**：ユーザーがデザインを初めて見た時、基本的な操作をどの程度簡単に行えるか？
・**効率性**：デザインを覚えたユーザーは、どれだけ速くタスクを完了できるか？
・**記憶力**：ユーザーが、一定期間使用していなかった後にデザインに再度触れた時、どれだけ簡単に操作方法を思い出せるか？
・**エラー**：ユーザーは何回のエラーを起こすか、そのエラーはどの程度深刻か、エラーからどの程度簡単に回復できるか？
・**満足度**：そのデザインを使用することはどれだけ快適か？

デジタルデザインの各要素が実現しようとする目的を阻害する場合、それぞれの要素はまるでガラスの破片のようなものです。皆さんは、壊れたガラスのコップでお客様に飲みものを提供しますか？ すべてのユーザーは皆さんの顧客です。皆さんが作ったもので顧客を傷つけないようにするのが、皆さんの仕事です。

※40—リンクはサポートサイトを参照してください。

安価なテストを先に、高価なテストは後に

　ユーザビリティテストには、多かれ少なかれ費用がかかります。お金や時間がかかる高価なテストで、安価なテストで得られることを探るべきではありません。プロトタイプを作成する前に、紙のプロトタイプや簡単なスケッチでできることを探します。現地調査に出発する前に、快適なオフィスでできることをできる限り調べましょう。募集するのに手間と時間がかかる特定の対象者をテストする前に、一般的な対象者を使ってテストを行ってください。

　実際のところ、考えているよりもずっと前からテストを始めることが重要です。紙にアイデアを描き出す前に、競合プロダクトのテストから始めてください。それから、いくつかのスケッチに対してテストを実施し、可能な限りすべての段階でテストを行ってください。

　テストをどのくらいの頻度で行うかは、重要なデザイン上の決定がどのくらいの頻度でなされているかによります。もし、重要なデザイン上の決定とテストを同期しているなら、開発スプリントと同時に2週間ごとにテストを行うこともできます。デザインと開発の流れの中でユーザビリティテストをいつ行うべきかは指示しませんが、絶対に行うべきでない時期は明確です。それはプロダクトを発売する直前です。

　覚えておくべき原則は以下の通りです。

・2番目に高価なのは、プロセスの終盤で後回しにしたユーザビリティテストです。後回しにした段階で発見される大きなユーザビリティの問題は、修正が非常に難しくなります。
・最も高価なのは、プロダクトを発売した後、お客様がカスタマーサービスを通じて行ってくれるユーザビリティテストです。このような状況にならないように注意してください。

■ ユーザビリティテストの準備

ユーザビリティテストの最も難しい部分は、ユーザビリティテストをどうやって自分たちのプロセスにおける意思決定の情報源として取り入れるかを定めることです。唯一の方法は存在しませんが、いくつかの基本原則があります。

・プロジェクトを始める際、進行中の作業の内部レビューを計画するように、ユーザビリティの実践もワークフローに組み込みます。
・テストを行うために必要な情報や機材を含むプロセスとチェックリストを作成します。
・常にリクルーティングします。Google ドキュメントを使っても構いませんので、参加してくれる可能性のある人の連絡先をデータベースに保管します。
・プロジェクトの責任者を明確にします。責任者がいることで、プロセス全体がスムーズに進みます。

必要なもの

・プラン（計画）
・プロトタイプやスケッチ
・各ターゲットユーザーのタイプに基づいたペルソナ（理想的には）やマーケティングセグメントを基にした4人から8人の参加者
・ファシリテーター
・観察者
・1つまたは複数の記録方法
・タイマーや時計

ユーザビリティテスト計画

　ユーザビリティテストはタスクを中心に進めます。理想では、デザインプロセス全体で活用しているペルソナが存在し、ペルソナの主要タスクをユーザビリティテストの出発点として使用します。テスト対象の機能には、それぞれに適したシナリオとタスクを準備する必要があります。各機能において、ユーザーがどのようにしてその状況に至り、何を成し遂げようとしているのかを説明する短いストーリーを作成しましょう。

　すべてのタスクが同じように作られているわけではありません。ユーザビリティテストを行う際、どの失敗が特に問題になるかを明確に把握する必要があります。

　オンラインでのショッピングカート利用は、取引成立の鍵となるタスクの典型的な例です。サイト上でユーザーが何をするにしても、ユーザーがスムーズにお金を支払えることが必要です。一方、実店舗のマーケティングを目的とするウェブサイトでは、住所や営業時間を見つけることが一般的には最も重要なタスクです。

　タスクの準備ができたら、それぞれのテストの実行と記録の計画を立ててください。ユーザビリティの専門家、ニールセン・ノーマン・グループによれば、テスト計画には次の項目を含む必要があります[41]。

・テスト対象のプロダクトやサイトの名称
・調査のゴール
・概要：時間、日付、場所および調査の形式
・参加者のプロフィール
・タスク
・指標、アンケート
・システムの説明（例：モバイル、デスクトップ、コンピューター設定）

　計画に費やす時間を減らすことで、結果を分析し反応する際に必要な

※41―リンクはサポートサイトを参照してください。

脳のエネルギーを節約できます。

リクルーティング

　参加者は、ユーザビリティテストを進めるための重要な存在です。各参加者は1度きりしか参加できないので、十分な数の参加者が必要です。改善策が実際に効果があるかどうかを確認するために再び参加してもらうことも可能ですが、参加者は以前のデザイン体験によって偏見を持っている可能性があり、初めてシステムを使う人の正確な反応が得られないかもしれません。

　ユーザビリティテストのためのリクルーティングは、エスノグラフィックインタビューと本質的に同じです。テストの参加者は、ターゲットユーザーといくつかの重要なゴールを共有している必要があります。ゴールが共有されていなければ、与えられたシナリオに十分に没頭することができません。

ファシリテーション

　プロトタイプやプランの準備ができ、参加者が揃ったら、いよいよテストを始めます。これが最も楽しいフェーズです。心を開いていれば、デザインと人々がどうやり取りするかの理論が、現実に直面する様子を見ることほど興味深く価値あるものはありません。

　まずはじめにファシリテーターを選びます。ユーザビリティテストの進行は難しくありませんが、適性が必要です。ユーザビリティテストは、ガイド付きの空想の旅のようなものです（完成されたアプリケーションを使用して、個人にとって意味のある活動を想像してください）。不適切なファシリテーターは、参加者がどんなに適切であっても、テスト全体を台無しにします。シナリオとタスクを提示するのはファシリテーターの役割です。タスクが不明瞭ではテストはうまく進行しません。

　優れたファシリテーターは、忍耐強く人格者です。彼らは参加者との協力関係を築き、進行中に戸惑う参加者を静かに観察できる、まるでコ

ナン・オブライエン（Conan O'Brien）[42]のような存在です。

　ファシリテーションには社交性と自己認識のバランスが必要です。はじめに雑談をするのは有効ですが、一度テストが始まったら口を挟まずにファシリテーター自身が自制する必要があります。このスキルは練習すればするほど上達します。

　システムのデザイナーや開発者がテストを進行する際の最大の危険は、自分のプロダクトがうまく機能しなかったり、参加者から否定されたりする状況に黙って見ていられなくなることです。その結果、プログラムには小さなヒントや誘導するような質問が忍び込んでしまいます。Chapter3で紹介したユーザーインタビューの基本に従ってください。特に、ユーザーを誘導したり、迷っているときに手助けしたりするのは避け、不快な沈黙も受け入れましょう。

　ユーザビリティに問題を感じたとき、利用者はよく自分を責めてしまい、システムのせいにはしません。これは、ユーザビリティの低いプロダクトに頻繁にさらされ、人々が習慣づけられてきたためです。このような場合は、システムがどのように動作すると期待していたか、また、なぜそのような期待を抱いていたかを参加者に説明してもらいましょう。

　誰がファシリテーターを務めるべきかはチームでよく話し合いましょう。チーム内に優秀なファシリテーターがいない場合は、外部の人と契約してお願いすることも、他部署からボランティアを募ることもできます。そしてまた、練習することが重要です。

観察とドキュメント化

　ユーザビリティテストを録画する準備ができている場合でも、テストを観察しメモを取る第二の人が必要です。第二の人がいることで、ファシリテーターは柔軟に対応でき、観察者は可能な限り細やかな観察ができます。その結果、参加者の気が散る要因を最小限に抑えられます。

※42―自然な司会スタイルで知られるアメリカのテレビ司会者、コメディアン。

録音は素晴らしい方法です。デザイナーは参加者の同意を得た上で、常にすべてを録音するべきです。私たちは全員が完全に信頼できる証言者ではないため、メモ係が何かを逃しても後から確認できるように、録音ファイルが役立ちます。ファイルは保存も共有も簡単にでき、通勤電車の中でも聞けます。

　チームの誰かに動画を渡すことを約束した場合、その動画が目的に合った適切なものであるかを必ず確認してください。「RuPaul's Drag Race: Untucked[※43]」のいくつかのエピソードが示すように、動画の効果は質の高い編集に左右され、編集作業には多くの時間がかかります。また、リサーチに関するメモや録音が、参加者と約束した機密保持契約に違反しないように注意深く管理してください。

　スマートフォンや電子書籍リーダーのような厄介なデバイスをテストする場合、専用の小型の台を作る必要があるかもしれません。この小型の台は、テストしているデバイスと必要な周辺機器、カメラを置くための単純な装置です。

　モバイルデバイスでのユーザビリティテストはまだ扱いにくい領域ですが、イノベーションを起こす絶好の機会とも言えます。モバイルインターフェースのユーザビリティを実際に使用される環境（会議室に座っているのではなく、外を歩き回るなど）で評価する必要がありますが、ユーザーの肩越しに観察しながら、画面上の動きをとらえるための明確で快適な方法はまだありません。

　MailChimp がこの難題に対して見つけた解決策は、彼らのブログ[※44]で詳しく述べられています。その解決策とは、ユーザーが MacBook でビデオチャットを設定し、MacBook を後ろから抱えることで、iSight カメラがスマートフォン上での操作をビデオで撮影し、マイクを通して音声も記録するという方法です（図7.1参照）。

※ 43―アメリカのドラマ作品

※ 44―リンクはサポートサイトを参照してください。

図 7.1: 少し違和感はありますが効果的です。参加者にノートパソコンのウェブカメラの前でモバイルデバイスを持ってもらい、モバイルのユーザビリティを遠隔でテストします。

観察者は以下の点を注意深く記録する必要があります。

・タスクに対する参加者の反応
・タスクを完了するのにかかった時間
・ユーザーがタスクを完了できなかった場合の状況
・ユーザーの操作や理解を妨げた用語

テストのスクリプトのコピーを用意し、メモを取る際には注釈を追加できるスペースを確保してください。特に、ユーザーが非言語的な不満を示した箇所、引用、そして成功したり失敗したりした機能をメモすることが最も重要です。メモ係が時間の目安も記録できると、分析が簡単です。

アイ・トラッキング

アイ・トラッキングは、人がどこをどのくらいの時間、どの方向を見ているかを測定できます。ユーザーがどこを指やマウスで操作しているかは観察や分析で明らかにできますが、ユーザーの視線が実際にどこを向いているかは、かなりの投資がないと解明できない謎のままです。このデータに多くのお金を払う価値があるかどうかは、さらに深い謎です。

目で直接コンピューターのインターフェースを操作する、まるでSF映画のような未来が近づくにつれ、アイ・トラッキングはこれからも普及していくでしょう。一部の高品質ヘッドセットは現在、比較的手ごろな価格で入手ができますが、リサーチの設計、実施、分析をするには、まだかなりの専門知識と時間が必要です。キャリブレーション（調整）が完璧でなければ、精度は期待できないということです。

アイ・トラッキングの検討は、手軽で安価なリサーチやテスト手法をすべて試してみても答えが得られない場合、またはページ上で何に注目しているかを言葉で表現できない参加者をテストする場合にのみにしてください。

■ テストデータの分析とプレゼンテーション

ユーザビリティテストの主な目的は、重大な問題を見つけて修正することです。成果は、理由を含めて順位付けされた課題リストとして提供されます。セッションの録音やメモなどの資料を整理し、リサーチに興味を持つ人や疑問を抱いている人にも、簡単に情報を提供できるように準備しておくことが大切です。報告書は、問題点と重大度、修正の提案に焦点を絞ってまとめましょう。

重大度と頻度は？

テスト中にユーザーが遭遇した各問題を、重大度と頻度の2つの尺度で評価します。本当に対処すべき問題を優先するため、以下の基準を用

いましょう。

重大度

・**高**：ユーザーがタスクを完了できなくなるような問題。

・**中**：多少の困難はあるものの、ユーザーがタスクを完了できないわけではない問題。

・**低**：ユーザーがタスクを完了することに影響を与えない小さな問題。

頻度

・**高**：30%以上の参加者が経験する問題。

・**中**：11 〜 29%の参加者が経験する問題。

・**低**：10%以下の参加者が経験する問題。

階層に分類する

テストを実施し、問題に優先順位をつけたら、3つの階層に分類します。各階層は重大度と頻度の組み合わせから成り立っています。また、関連するタスクがアプリケーションにとってどれだけ重要かも考慮します（例えば、プロフィール写真の変更に関する混乱は、支払い情報の入力を妨げる問題よりも重要ではない可能性があります）。階層名を変えることで、作業が楽しくなるようであれば、必要に応じて変更しましょう。

・**階層1**：ユーザーがタスクを完了するのをしばしば妨げる、重大度の大きい問題。この問題を解決しなければ、プロダクトの成功に高いリスクを抱えることになる。

・**階層2**：重大度は中程度で頻度が低い問題、または、重大度は低いが頻度が中程度の問題。

・**階層3**：少数のユーザーに影響する、重大度の低い問題。この問題を解決しなくてもリスクは低い。

さぁ、仕事に取り掛かろう

ユーザビリティテストの結果が得られたら、すぐに行動しましょう。まず、技術的な負担が最も小さい修正から始められる、階層1の問題に取り組んでください。修正した後、テストを再び実施します。

変更を実施するために誰かの同意が必要ですか？ ユーザーがシステムを使用している様子を見せることは、報告書を読むよりもはるかに説得力がありますし、サスペンス映画のような緊張感をもたらします（なぜボタンが見えないの？ すぐそこにあるのに！）。したがって、ユーザビリティの問題が頻繁に起こるようになった場合は、関係者が観察できるタイミングでユーザビリティテストを実施することが重要です。また、報告書と一緒に、失敗の動画やユーザーの言葉の引用を提示するのも効果的です。テストしたタスクと発見した問題は、必ず優先度の高いビジネス目標に結び付けましょう。

競合をテストする

自社のサイトやアプリケーションでユーザビリティテストを実施するだけでなく、競合のサービスもテストできます（サイトやアプリケーションにアクセス権があり、競合の評価が規約等で禁止されていないことが前提です）。

ベンチマークのためにユーザビリティテストを実施する場合には、自社のウェブサイトと競合のウェブサイトで共通のタスクを設定します。その後、すべてのサイトとタスクで共通の評価システムを使用し、各主要なタスクごとに競合全体のなかで最も使いやすいサイトを特定します。デザイン改善後、再度ユーザビリティテストを実施することで、競合と比較しての改善度合いが検証できます。

分析とモデル

Analysis and Models

定性分析というのは不思議なプロセスに見えるかもしれません。なぜならインタビューノートや付箋紙を持った人たちが会議室に入っていき、システムの機能やインターフェースの作成案や変更案を持って出てくるからです。

しかし、実はこのプロセスは私たち人間には、いたって自然なことです。他人との交流を重視し、様々なパターンを見つけ出す能力が備わっているのです。人々を集めて定性データを分析することは、私たちの脳にとってはまるでパーティーを開くようなものです。

そしてここからが本当の意味でのデザインの始まりです。雑然としたデータを整理し、グループ化し、ラベリングします。会話を通じて、明確さが浮かび上がってきます。明確なデータ分析は、コンセプト、コンテンツの関係性、ナビゲーション、インタラクティブな動作の透明度を高めます。

一番よいのは、共同作業で明確さと深い理解が共有されることです。モデルやマップは、共有化されていることをドキュメント化したものに過ぎません。

アフィニティ・ダイアグラム（親和図法）

まず最初に、そしてもし時間が十分にない場合は、唯一必要な作業として、インタビューから一般的なデザインの方針を抜き出すことが求められます。それから、デザインの方針をビジネス目標に基づき優先順位付けします。このプロセスは、最も基本的な図を作成する技術が必要です。プロセスはいたってシンプルです。
・メモを詳しく見直す
・興味深い行動、感情、直接的な引用を探す

・観察したことを付箋に書き、ソースコードを付けて、後から追跡できるようにする
・ホワイトボードで付箋をグループ化する
・パターンが浮かび上がってくるのを観察する
・パターンを評価しながら付箋の配置を変更する

　リサーチの成果を、アフィニティ・ダイアグラムという図表にまとめ上げます。アフィニティ・ダイアグラムは、デザイン作業で様々なアプローチで用いられます（図8.1参照）。

　分析に参加する人々は、関連する観察した内容からまとまりを作ります。一旦、まとまりができ始めると、洞察や総合的な要件、および推奨事項を抽出できます。

　アフィニティ・ダイアグラムを作成することで、インタビューや観察を通じて得た多数の引用や情報の一部から、パターンや有益な洞察を抽出できます。このダイアグラムは、便利なビジュアルのリファレンス用の資料や、リサーチと発見した原則についてより大きなチームとコミュニケーションを取るための道具として役立ちます。

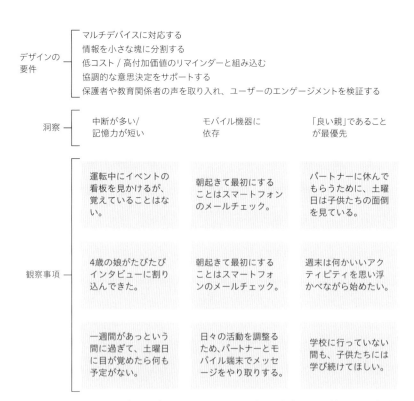

図 8.1 アフィニティ・ダイアグラムは、リサーチをエビデンスに基づいた推奨事項へと変換するのに役立ちます。

■ 観察事項を書き留める

　メモや録音を見直す際には、興味深い観察事項を付箋に書き留めます。観察事項とは、ユーザーが行ったことや発言したことの客観的な記述です。

・30分間のインタビュー中に、参加者の4歳の娘が3回割り込んできて中断した。

・対象者は、毎朝ベッドから出る前にスマートフォンでメールを確認していると述べていた。

印象的な発言はすべて取り出します。それぞれのユーザータイプの
ニーズを代表していると思われるものには特に注意してください。皆さ
んのペルソナ作りに役立ちます。また、対象者が自分のゴールや皆さん
が取り組んでいるタスクやシステムの要素を説明するために使用した語
彙にも注意してください。特に、皆さんの組織で使用されているものと
異なる場合は重要です。

- ウェブサイトを訪れるたびにパスワードをリセットしています。なぜ
  なら毎回覚えていないからです。
- パートナーが一人の時間を持てるように、毎週土曜日は一日中、子供
  の面倒を見ることにしています。

　明示されたり、含みを持って示されたりするユーザーの全ての目標に
注意を払ってください。暗示された目標は、特定の願いを示す発言や行
動によって見つかります。例えば、頭の中でいくつかの有意義なことを
考えて週末を迎えることなどがあります。特に、予期していなかった目
標であっても、皆さんのプロダクトがすぐに対応可能なものにフラグを
立ててください。たとえば以下の通りです。

- 週末に楽しいことを計画するのが好きです。
- 子供たちには学校にいるとき以外でも学び続けてほしいです。

■ グループを作る

　ホワイトボード上でメモをグループ化し始めてください。すぐにパ
ターンが見えてくるはずです。パターンに名前を付け、それから浮かび
上がるユーザーのニーズを把握してください。「町中で面白そうなイベ
ントの告知を見るけど、いざという時にはいつも思い出せない」と「月
曜から金曜があっという間に終わってしまい、土曜の朝になっても何の
良いプランもない」というコメントは、「組織的なアクティビティのた
めのリマインダーが欲しい」というパターンの兆しだと解釈できます。

■ 次のステップで何をするか

分析の最後の段階では、具体的に実施可能なデザインの指示や原理を識別することになります。たとえば以下の通りです。

・イベントを告知する際にはリマインダー登録のオプションを提供する。
・顧客にすべてのサービスへデジタルでアクセスできる選択肢を提供する。
・プレミアム機能のプロモーションとナビゲーションを改善する。
・潜在的な顧客が最も重視する要素に基づいて、ブランド力を強化する。

アフィニティ・ダイアグラムは、他のツール（例えばペルソナ）への有益な貢献や、リサーチと分析を巧みに視覚化する手段としてだけでなく、意思決定の助けにもなります。認識したニーズのパターンに基づき、どの特徴や機能を優先すべきかを決められます。その決定によって生じる疑問に対してさらなるリサーチをするかどうかの決定もできます。そして、これらの決定を討論する際に、チームの間で共有事項を参照する場所として機能します。

ペルソナの作り方

ペルソナとは、実際に人々と話して集めたデータから作成した複合モデルで、ニーズや行動パターンを表す架空のユーザー像です。

ペルソナはユーザー中心設計において代表的なユーザーを表現します。なぜなら一般的なユーザーというのは存在しないからです。実際の人々の行動パターンや優先事項をあらわし、私たちの意思決定の情報源として機能します。ペルソナはチームメンバーの誰かの好みによって何かデザインするためではなく、共感をして考えるための道具です。

優れたペルソナは、最も価値のあるユーザーリサーチの成果かもしれ

ません。デザイン、ビジネス戦略、マーケティング、エンジニアリングといった異なる分野でも、共通のペルソナを利用すると、それぞれの分野で異なったメリットを享受できます。さらに、アジャイルのプロセスを取り入れている場合、一つのペルソナに基づいてユーザーストーリーが作成できます。

以下はペルソナを使う際のヒントです。

・デザインの対象はマーケティングの対象とは異なります（すべてのペルソナのドキュメントに書いておいてください）。市場のセグメントとは同じではありません。

・ビジネスにとって最も価値のあるユーザータイプが、デザインプロセスにとって最も価値があるとは限りません。専門知識の少ないユーザーのためにデザイン設計することで、より多くの専門知識を持つユーザーのニーズを満たすことがよくあります。

・本当に役立つペルソナは、実際のユーザーリサーチに基づく共同作業の結果です。そうでなければ、デザインプロセスの中で関連するキャラクターを架空の友達のように作り上げているだけです。実際の人々にインタビューを行い、チームと協力していくつかのパターンを特定した場合に限り、役立つペルソナが作成できます。

・いくつかの重要な情報だけで解像度が高いペルソナが作れます（図8.2参照）。デザインの意思決定のたびに長い履歴書や複雑なシナリオを眺めるよりも、チームが重要な情報のみを頭に入れておく方が役に立ちます。

ダイアン・マカヴォイ

地域に住む保護者

「仕事と子どものお世話で忙しく、iPhone
がないと何も覚えていられない。」

ゴール
計画に多くの時間を割かずに、信頼できる
家族でのお出かけスポットを見つける。
町外から来る家族をもてなす。
生涯学習を続ける。

統計情報
33歳
25歳のときに結婚
イリノイ州シカゴに在住
大手ヘルスケア企業のアカウントマネー
ジャー

行動と習慣
週に2日は自宅で仕事をします。
ほとんどの買い物をオンラインで済ませ
ます。
週末は「楽しみ」の日と、「用事や家事」
の日に分けています。

技術とスキル
ダイアンは複数のデバイスを使用するユ
ーザーです。仕事で使うWindowsノート
PCを家とオフィスの間で持ち運び、個
人用には少し古いMacBookとiPhone
を持っています。家族でiPad2を共有し
ています。時間に追われる生活をしてい
るため、習慣が強く根付いており、新し
いことを試す気力と忍耐力があまりあり
ません。

人間関係
夫と息子と一緒に住んでいます。多くの
親戚がいます。姉妹はよく訪れ、子ども
たちを連れてきます。

図 8.2: ペルソナのドキュメントは、実際の個人プロフィールに見える必要があ
ります。

■ 人物像の捉え方

　ペルソナの説明は、デザイナーや意思決定者の頭にとどまるように、
ターゲットユーザーを想起させる顕著な特徴を適度に補足するべきです。
ペルソナは一つのパターンとして捉え、すべての問題を一つのペルソナ
のパターンに詰め込む必要はありません

　ペルソナは、見落としがちなアクセシビリティの問題を明らかにする
のに適したツールです。インターフェースの言語に読み書きに障がいが

ある人々、支援技術を必要とする人々、手足を動かせない人々など、ターゲットとなる人々やユーザーの具体的なニーズに合わせて、これらの要素をペルソナに取り入れられます。

ペルソナは現実的で、代表的な特徴を持つ必要があります（たとえば、モデルとして活動しながら犯罪と戦う10代のマーケティング副社長のような、非現実的な設定は避けましょう）。リストアップする特徴には、実際にインタビューしたユーザーの特徴を反映するのが理想です。しかし、インタビュー対象者を選ぶときにはターゲットユーザーとの合致の予測が難しいため、完全に一致しない場合でも適切なペルソナを作ります。その場合は、インターネットで役割や行動がターゲットユーザーと一致する人を探し、理解を深めてください。ターゲットユーザーの代表する背景や引用を得るために地域のニュースやソーシャルメディアを調べてみましょう。実際には存在しない人物を代表するイメージを作成しますが、LinkedInのプロフィールをそのままコピーするのはやめてください。

ドキュメントは、従来の図表やグラフを使った表現から始めてください。利用状況と行動パターンに関する重要な情報が、作業に統合して繰り返し見返すことができるのであれば、動画や掲示物やアニメーションGIFを作成しても構いません。

名前

ペルソナに名前をつける際は、意図を明確にしましょう。適切な名前をつけることで、組織内の固定観念を変える助けになります。しかし、注意を怠ると、既存のバイアスを補強することになりかねません。一般的な名称、例えば「パワーユーザー」は問題が少ないように見えますが、具体性や説得力が不足しています。それぞれのペルソナには、行動パターンを考える際に役立つ、リアルな名前をつけてください。インスピ

レーションの源として「ランダムネームジェネレーター※45」の「Rare（珍しい名前）」設定はおすすめですが、「ゲーム・オブ・スローンズ」のネームジェネレーター※46は避けた方が良いでしょう。

写真

実際の人物のリアルな写真を選び、親しみやすさを感じられるものにしてください。一般的な写真素材集は使わないでください。Flickrや他の写真共有サイトのクリエイティブコモンズライセンスの写真は役立ちます。デザインチームが既に知っている人や、気を散らす要素のある写真は使ってはいけません。

デモグラフィック（人口統計情報）

人口統計情報を過大評価するのは簡単です。収集しやすい情報だからです。名前の選択と同じように、人口統計データを不適切に使うと、固定観念を助長し、ペルソナの有用度を下げてしまうリスクがあります。実際、ある人が年を取り、性自認が変わり、新しい場所に移住し、結婚しても、同じニーズを持ち続け、顧客であり続ける可能性があります。あるいは、そうでないこともあります。年齢や性別は本当に重要ですか？ それとも、ライフステージを考慮し、性別に中立な名前を使えるのでしょうか？

役割

精度の高いペルソナを作るためには、インタビューしたユーザーの中で、ターゲットユーザーに最も近い役割を持つ人を選ぶことが重要です。

※ 45―リンクはサポートサイトを参照してください。

※ 46―アメリカのゲーム「ゲーム・オブ・スローンズ」の生成される名前は、一般的ではありません。というアメリカンジョーク。

引用

　ユーザーインタビューで得られた実際の発言を引用し、ユーザーの
ニーズを満たすのに重要な基本的な信念や考え方を表現してください。
特に有効な引用は、「週末の予定を立てる時、何を考えていますか？」
のようなユーザーの行動や考え方の両方を明らかにする質問への答えと
なるものです。

ゴール

　ゴールと行動パターンはペルソナの中心となります。ユーザーリサー
チで得られた情報をもとに、ペルソナが達成したい3つから4つのゴー
ルを設定します。ゴールは、プロダクトやウェブサイトが提供する、ま
たは関連するゴールになります。

行動と習慣

　ペルソナを定義するときには具体的で習慣的な行動パターンに焦点を
あてます。子育て、教育、オンライン活動のリサーチ、複数デバイスの
切り替え、他の人との意思決定、締め切りギリギリの計画立てなど、普
段の生活の複雑な側面を捉えることが重要です。例えば、土曜日に新し
いことを探し出したいと思いつつも、リラックスしたいと思っている父
親との対話を想像してみましょう。父親はコーヒーを飲みながら
Facebookをチェックし、子どもが友人と何をしているかを眺める習慣
があるかもしれません。この習慣はソーシャルメディアに関する会話の
きっかけとなる可能性があります。

スキルと能力

　能力とは、そのペルソナの技術的な専門性と経験、及び身体的、認知
的な能力を指します。ペルソナの職業や教育の背景から、どれくらいの
経験を期待していますか？　ここでは想定をしてはいけません。ター
ゲットとなるペルソナの中には、専門的な機能を学んだり最新のアプリ

ペルソナの作り方　**173**

ケーションに慣れる時間がほとんどない、操作技術的には初心者である一日中手術に忙しい成功した医師がいるかもしれません。彼女は、プロダクトを扱う低いスキルレベルの代表ですが、絶対にバカにされたくないと思っています。

環境

ペルソナのプロダクトとのやり取り（インタラクション）に影響を与える環境面をすべてメモしてください。使用するハードウェア、ソフトウェア、インターネット接続が含まれます。ペルソナは職場、自宅、図書館でインターネットを使いますか？ 人に囲まれているのか、それとも一人ですか？ 一人で作業する時には音声操作をするのか、あるいは人ごみの中でメッセージを打つのでしょうか。オンラインでいる時間は継続的なのか、特定の時間帯に集中していますか？ レストランの経営者は、ちょっとした合間にスマホを見るかもしれませんし、会計士はデスクトップのブラウザを常に開いているかもしれません。

人間関係

ペルソナがプロダクトとのやり取りに影響を与える可能性がある人間関係をメモしてください。意思決定に影響を与えるパートナーはいますか？ 子どもや同僚がいて、デザインの使用に影響を与える可能性はありますか？ このような人間関係は、実際のデータに基づいているべきで、データは調査や他のリサーチから得られるものです。国勢調査の情報や「ピュー・インターネット＆アメリカン・ライフ・プロジェクト」からの情報が役立ちます。相関関係のあるペルソナを使えば、興味深く多目的なシナリオを作成できます。

シナリオ

　ペルソナが登場人物であるならば、シナリオは物語のあらすじです。シナリオ一つひとつは、ペルソナが一つもしくは複数のゴールを達成するまでのシステムとのやり取りを描いた物語です。シナリオにペルソナを登場させることで、ユーザーの視点でデザインを考えられます。シナリオは以下のような開発プロセスの段階で使用できます。

・要件を具体化する段階
・潜在的な解決方法を探る段階
・提案された解決策を検証する段階
・ユーザビリティテストのスクリプトの原型を作る段階

　シナリオがユーザーリサーチで集めた実際のデータに基づいていれば、形式は変更可能です。「土曜は朝8時に起きて、子どもたちが家の中で騒いでいる間に地元のニュースサイトを見ます」といったインタビュー質問への具体的な答えから始めることができます。ペルソナはその性格や優先順位が比較的一定であるべきですが、シナリオは時間と共に成長し、深まり、システムに対する自分の理解が変わるにつれて変化するかもしれません。ペルソナは「シンプソンズ」、シナリオはそのエピソードごとの「カウチギャグ」のようなものです。

　シナリオは、短いテキストの物語でも、一連のステップでの流れでも、マンガのコマでも表現できます。チームが簡単に作成し、デザインや技術の意思決定において各ペルソナを表現しやすい方法を選びましょう。ペルソナとシナリオの作成にかかる労力にチームメンバーの誰かが不満を感じている場合は、その方法は間違っています。シナリオはホワイトボードに簡単に描くだけでも効果はあります。

　シナリオはユースケースやユーザーストーリーそのものではありませんが、それぞれに影響を与える可能性があります。ユースケースはシステムとユーザーのやり取りの一覧であり、通常は機能要件を明らかにするために使われます。しかし、シナリオはペルソナによって代表される

具体的なユーザーの視点からのものであり、システムやビジネスプロセスの視点からではなく、個人の体験にフォーカスしています。

　例：ダイアンの家族はこの地域に引っ越してきたばかりです。ダイアンの仕事はアカウント・マネージャーで平日はとても忙しいですが、週末は家族と過ごす時間があります。

- ・ゴール：ダイアンは、息子も楽しめて、自分と夫がリラックスできる地域内のイベントを見つける。
- ・意欲：金曜の夜、ダイアンはオフィスからの帰宅途中の車内で、スーパーストーム（超大型ハリケーン）の博物館の新しい展示の広告を見て、iPhoneで展示を検索する。
- ・タスク：ダイアンは、展示を訪れることが自分のニーズを満たすかどうかを判断する。

■　常にターゲットユーザーに集中する

　丁寧に作られたペルソナは、ユーザーリサーチから得られる最も長きにわたって役に立つ成果になります。ペルソナはユーザー中心設計の中核のユーザーであり、皆さんのリサーチを楽しく効果的に要約した成果物です。

　ペルソナがうまく機能していると感じる瞬間は、新しいアイデアを最初に評価してもらいたい人として、作成したペルソナを思い浮かべる時です。「アイデアは自分に適しているか？」「アイデアで上司を満足させられるか？」と考えるのではなく、「アイデアはダナのプライバシーに対する懸念を解消できるか？　ネヴェンはこの操作が理解できるだろうか？　チアマカは忙しい中でこれに時間を割けるだろうか？」と考えるようになります。

メンタルモデル

　私たちは、頭の中に様々なメンタルモデルを持っています。メンタル
モデルがなければ新しい体験は全て予期せぬものとなり、一つひとつの
状況を苦労して理解しなければならないでしょう。認知科学の用語でい
えば、「メンタルモデル」とは現実世界のものに対する私たちの内面的
なイメージのことです。具体的には、私たちがある状況や物について持
つ固定観念や、それらの状況や物がどのように作用し、組織されている
かの全体的な認識が含まれます。この内面的なイメージは、人づてに聞
いた情報と、自分が積み上げてきた経験から形成されます。人々は、ス
トーブをどう使うか、犬がどう行動するか、ロックバンドのライブで何
が起こるかなどのメンタルモデルを持っています（ロックバンドが演奏
し、「Thank you! Good night!」と挨拶した後に舞台裏で待機し、観客
の拍手を受けて再び登場し、人気曲を演奏します）。

　メンタルモデルは、私たちがどう振る舞うべきか判断する際、その判
断が正確ならば、かなりの時間を節約できます。しかし、いつも予想通
りにいくわけではなく、時には失敗することもあります。私が初めてプ
リウスに乗ったとき、ハイブリッド車特有の点火システムは、私の「乗
用車」のメンタルモデルには含まれていなかったので、結果として駐車
場で10分間動けずにいました。

　デザインの世界で「直感的」とは、「ユーザーのメンタルモデルに合
致する」ことを意味します。インターフェースがユーザーのイメージに
どれだけフィットしているかで、使いやすさ、学びやすさ、操作のしや
すさが決まります。メンタルモデルはとても実用的な価値を持つ概念で
す。

　ユーザーリサーチから得たデータを使用して、各ユーザータイプごと
の複合的なメンタルモデルを図式化し、その図をデザインの指針として
利用できます。厳密にいえば、これは「メンタルモデルのモデル」です。

しかし、コンサルタント兼作家のインディ・ヤング（Indi　Young）の著書『メンタルモデル　ユーザーへの共感から生まれるUXデザイン戦略[47]』で示したように、業界の関係者はメンタルモデルという用語を一括りにして、広い意味で使う傾向があります。メンタルモデルには2種類あります。一つは、私たちがこの世界の一つひとつに適応するために頭の中に持っているもので、もう一つは、デザイナーがより良い世界をデザインするために作るものです。最高の成果を得るためには、私たち自身が頭の中に持っているメンタルモデルを意識し、デザイナーがより良いプロダクトやサービスをデザイン設計するためのメンタルモデルを作ることが重要です。

　アプリケーションやウェブサイトをデザインするには、サポートしたい活動のメンタルモデルを頭に描きましょう。もし皆さんが、通勤する人が公共の交通機関を使って効率的に通勤する方法を案内するアプリをデザインするなら、「通勤」に対するメンタルモデルを見ると役立ちます。バスのデザインを再設計するのであれば、「バス」のメンタルモデルに注目します。

　デザイナーとして、皆さんは自分が手掛けるデザインに対して独自のメンタルモデルを持っています。また、ユーザーがどの程度の知識を持ち、どうやって皆さんのデザインとやり取りするかについても、仮説を持っています。しかし、自分の視点がユーザーの実際の経験とどれくらい合致しているかを見積もるときは、過大評価しがちです。

　ユーザーのメンタルモデルを明らかにすることで、自分だけでなく他の人もユーザーの考え方を理解できるようになります。メンタルモデルダイアグラムを使うことで、チームとのコラボレーション、機能の優先順位付け、情報の整理、そして、満たされていないユーザーのニーズを発見できます。メンタルモデルダイアグラムは、ユーザーによってメン

※47—リンクはサポートサイトを参照してください。

タルモデルが大きく異なる場合や、システムの実際のデザイン設計がももと提案されたものと大きく異なる場合に発生する問題を解決するための有力なツールとなります。

目的地を選ぶ				訪問計画を立てる
他の評価方法	**選択時の優先順位**	**一部の目的地は避ける**		
候補先の HP を閲覧する	距離的な近さ	料金が高いところ		
旅行サイトのレビューを読む	教育のポテンシャル	行きにくいところ	**訪問日程を選ぶ**	
子どもたちに提案してみる	アクティビティの種類	「ツーリストトラップ」があるところ	各自のスケジュールをチェックする	
パートナーに相談してみる	コストパフォーマンス	混雑しているところ	訪問先のイベントカレンダーをチェックする	

図 8.3：メンタルモデルダイアグラムは、ユーザーの思考プロセスを詳細に示し、関連する必要なコンテンツや機能を見つけるのに役立ちます。

■ メンタルモデルの作り方

　メンタルモデルは複雑に作る必要はありません。以下の手順に従ってください。

・ユーザーリサーチをする。

・アフィニティ・ダイアグラムを作る（図8.1参照）。

・ユーザーの認識の構造を示す階層に、関連性のあるアフィニティのまとまりを配置してモデルを作る。このモデルには、ユーザーの行動や固定観念、感情が含まれる。

・関連するタスクや目標に対して階層を配置する（図8.3参照）。

観念モデル・サイトマッピング

　新しいウェブサイトやサービスをデザイン設計する場合、メンタルモデルを、ターゲットユーザーの視点からコンテンツと機能のつながりを表す概念地図（コンセプトマップ）へと変換できます（図8.4参照）。コンセプトマップは、詳細設計へと進む過程で、アプリケーションのフレームワークや情報設計の基盤となるでしょう。

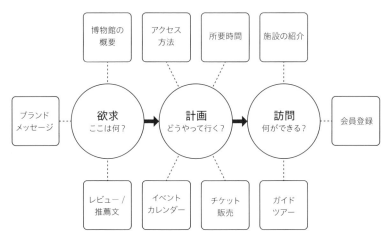

図 8.4:このような博物館のための概念地図は、メンタルモデルとシステムマップの間のギャップを埋めます。

ギャップ分析

既存のプロダクトやサービスがある場合、メンタルモデルを使うことで皆さんが提供するものとユーザーの要望や期待するものとのギャップやミスマッチを明らかにし、ギャップを埋める機能のデザインに役立ちます。

例えば、都市部の通勤者用アプリをデザインする場合、通勤中の悪天候や地域イベント、交通機関の遅れといった事態に対応し、突然の計画変更を前提とした、通勤者のメンタルモデルがあることがわかるでしょう。もし皆さんのアプリが実際の状況を考慮せず、理想的な条件のみでルートを提案している場合、予期せぬトラブルに弱いルートを勧めることになるかもしれません。

メンタルモデルを見直すことで、問題を事前に察知し避けるためのサポートと追加情報を提供する、ユーザーにとってより良い通勤体験につながります。

一方で、提供を検討していた機能がユーザーのメンタルモデルに全く合致しないことが明らかになる場合もあります。例えば、仕事帰りの娯楽情報の表示を提案する計画をしていたけれども、ユーザーが効率的なルートを素早く見つけることを望んでいる場合、その提案はユーザーのニーズと合致しないことに気づくでしょう。

タスク分析・ワークフロー

タスク分析とは、あるタスクを達成するために必要な個別のステップに分割することです。

タスク分析に入る前の準備として最も効果的なのはコンテクスチュアル・インクワイアリーですが、参加者が目標達成のためにどのようなステップを踏んでいるかについて詳細に情報を得ていれば、ユーザーインタビューから得られた情報も活用できます。特定のタスクは認知的要素

と物理的要素の両方を持ち、各要素の重要性は分析の対象領域や目的によって変わります。例えば、新車購入のような複雑な決定プロセスでは、車を必要とし、欲しいと感じることの認識や、オンラインでのリサーチといった一連の認知的な要素がありますし、実際にディーラーへ行って車を試乗するという物理的な要素も含まれます。

■ シンプルから複雑へ、そして再びシンプルへ

タスク分析は、現実世界での人々の行動を、ウェブサイトやアプリケーションで提供できる機能にマッピングするのに役立ちます。例えば、「チケット購入」という行為はシンプルに聞こえますが、オンラインでの購入プロセスは複雑でストレスの多い作業であり、たくさんの決断のポイントが存在します。

現実世界で行われるタスクをオンラインのインターフェースで代替するシステムをデザインする際や、またはデスクトップアプリケーションからモバイルデバイスへ移行するように、システムとの物理的なやり取りの特性を変更する際にも役立ちます。

■ 分割する

ウェブサイトから得られる情報を使います。
・ホームページでイベント情報を探す。
・利用可能な今後すべてのイベントを見るためのリンクをクリックする。
・イベントを決める。
・チケットの有無と価格を確認する。
・希望するチケットの枚数を入力する。
・希望の配送方法を入力する。
・入力情報と総額を確認する。
・「今すぐ購入」を選択する。

・クレジットカード情報を入力する。

・確認ページとチケットの受け取り方法を見る。

フローを作る

タスク分析は、アプリケーションの機能や操作フローを明らかにする
だけでなく、ユーザーがタスクを進める上でコンテンツがどのように支
援できるかを識別する助けにもなります。ユーザーは予期せぬパス（経
路）を取ることがありますし、デザインで考慮すべき特有の環境要因に
影響を受ける可能性もあります（図8.5参照）。

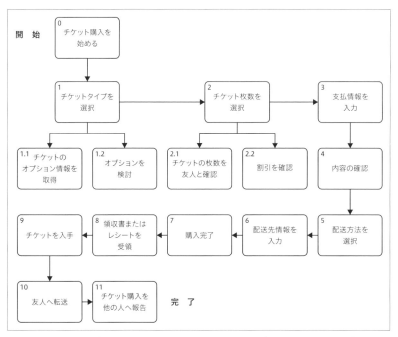

図 8.5：チケット購入のためのタスクパスは、ユーザーがゴールに到達するた
めに必要なコンテンツや機能を明らかにするのに役立ちます。

モデル管理

　このChapterで紹介したのは、リサーチデータを有効活用し、それをもとにデザインの方向性を決めるための手法の一部に過ぎません。インターネットでUXを探究すれば、さらに多くの手法が見つかるでしょう。リサーチの成果の意義と価値を伝えることは、実はデザインのプロセスそのものです。

　シンプルでコストパフォーマンスの高い図には直感的に魅力を感じる、という事実を利用することもできます。リサーチに懐疑的な組織内の人々に対してリサーチの価値を訴える際には、視覚化された分析結果の扱いやすさと魅力を過小評価しないでください。そして、チームが共同で個々の観察事項を統合する作業は、どんな報告書よりも優れた共通認識を持てるようになることを保証します。

Chapter

9

アンケート

Surveys

> ビジネスの本質は、人の行動を予想して賭けることにある。
> —ウォール・ストリート・ジャーナル「たくさんのデータの力(The Power of 'Thick' Data)[48]」

アンケートは、ある集団に対して決められた質問でデータを収集する手法です。アンケートは対面、電話、紙またはオンラインで実施できます。オンラインのアンケートツールの普及で、誰でもすぐにアンケートを作れる時代になりましたが、良い結果をもたらすとは限りません。

アンケートは、最も誤解されやすく、誤用されるリスクが高いリサーチ手法です。定性的な質問と定量的な質問が混同され、最悪の場合は両方の問題点を抱えることになります。

多くの重要な意思決定がアンケートによってなされています。選択に迫られた時や、様々な意見が分かれている時にアンケートを取ることは、方向性を定めたり、争いを解決したり（そして結果に対する責任から逃れたり）する最も手っ取り早い方法に思えるかもしれません。

次にどの機能を開発すべきか？ 自分たちには意思がないから、アンケートで決めちゃいましょう。 プロダクトにどんな名前をつけるか？ 自分たちには意思がないから、アンケートで決めちゃいましょう。

もしもあなたが「重要な決定をするためにアンケートは適切な方法ではないけれど、CEOがぜひ実施したいと言うからなぁ。最悪、何が起こるというの？」と自問自答するなら、答えは「ブレグジット」です[49]。

※ 48—リンクはサポートサイトを参照してください。

※ 49—2016 年 6 月 23 日に EU 離脱の是非を問う国民投票が実施され、僅差で離脱支持が多数となり、英国は 17 年 3 月 29 日に EU 基本条約（リスボン条約）に第 50 条に基づき、離脱を通告しましたが、結果に対しては賛否両論があります。

簡単は正しいと感じる

　アンケートの実施はとても簡単です。アンケートは作成も配布も結果の集計も簡単です。残念ながら私たちの脳は、実態に関係なく、簡単に処理できると感じる情報を好む傾向があります。どれほどの誤りや誤解を招く結果であっても、正しく有効であるように感じてしまいます。

　また、アンケートは学びを深める機会をなくしてしまいます。実際に人々と対話した結果を分析するというのは、聞くだけで難解な作業に感じます。逆に、何千もの人に質問を投げかけて、直にやり取りしないで定量的なデータを大量に集めるのは、はるかに簡単に感じます！

　良いアンケートを作るのは、優れた定性リサーチの実施よりもはるかに難しいです。天気を感知するための遠隔操作の機械を組み立てることと、窓から顔を出して天気を見ることくらい大きく違います。適切に選ばれ、スクリーニングされたリサーチ参加者がいれば、皆さんはただ座って黙って録音するだけで、参加者の話の中から役立つ情報を収集できます。しかし、不適切な質問を作ってしまうと、取り返しのつかないほど大量で無価値なデータを得ることになります。どんなに多くの回答を得たとしても、現実を適切に反映していなければ意味はありません。

　悪いアンケートは、自分が悪いとは教えてくれません。悪いコードにはバグが存在しますし、使い勝手の悪いインターフェースデザインはユーザビリティテストで失敗します。悪いユーザーインタビューは、その不快感と共にその場で明らかになります。しかし、悪いアンケートからのフィードバックは、アンケートの分析結果と矛盾する他の情報源からしか得られないのです。

　最も誘惑的なのは、アンケートが簡単に数えられる回答を提供し、何かを数え上げる行為は、確実で客観的で、真実であるかのように感じられます。回答が嘘だったとしてもです。だから一旦、統計が公表されると、「利用者の75％がページを開いたときに自動再生される動画を好

む」といった簡潔な「事実」が、意思決定者の思考に深く入り込んで頭から離れなくなります。

　時折、デザイナーからリサーチについての質問が寄せられます。寄せられた質問はたいていの場合、方法論よりも政治的な側面に焦点を当てたものです。ある時、メールでこんな質問が届きました。

　「私の組織ではユーザーと直接やり取りするのは禁じられていますが、メールによる簡易なアンケートで、ユーザビリティの問題を特定することは許されています。」

　同情とイラ立ちの涙が、私の頬をつたいました。これはよくある話で、メールによる簡易なアンケートは全く効果がありません。当然のごとく質問の内容は「この状況で私には何ができますか？」でした。

　多くの組織で、直接ユーザーとやり取りするのは、規約違反と見なされがちです。個人情報や初期のプロトタイプ、既存顧客との関係など、取り扱いがデリケートな場合があるのはわかっています。しかし、有効なユーザーリサーチやユーザビリティテストは、実際の顧客やユーザーへの接触、企業の機密情報の漏洩、プライバシーの侵害をせずとも十分に実施できます。

　アンケートはアンケートに過ぎません。アンケートを、適切なリサーチが行えない場合の代替策として使うべきではないのです。良いアンケートを設計するのは決して簡単ではありません。アンケートは、すべてのリサーチ方法の中で最も難易度が高いものです。

数学

> 経営者は、理解できないモデルを信じてはいけない。
> —トム・レッドマン（Tom　Redman）「Data　Driven：Profiting from Your Most Important Business Asset（データドリブン：あなたの最も大切なビジネス資産から利益を得る方法）」

　しばしばデザイナーは、アンケートのデータが定性調査よりも優れていて信頼性があると考えます。それは、アンケートで調査可能な人数が実際に観察やインタビューできる人数よりもはるかに多いからです。

　大きな集団から少数のサンプルを抽出するのは、広範な集団に対して正確な情報を得るための有効な統計技術です。しかし、本当に代表的なサンプルを得るには細心の注意が必要です。ピュー・リサーチ・センターが言うように、「調査サンプルは調査対象となる集団のモデル（代表）です[50]」。サンプルが調査対象の集団と異なれば異なるほど、サンプリングの偏りが大きくなり、モデルの正確さは低下します。

　そのため、サンプルの抽出方法に注意を払わないと、まったく意味のない、不透明で偏った悪いデータを大量に得ることになりかねません。

　ある集団の十分な代表者に調査し、他の条件が同じであれば、結果はおそらくその集団を代表するものになるでしょう。しかし、これは質問への回答が真実であることを保証するものではありません。単にその集団全体が質問にどのように答えたかを示したものにすぎません（例えば、すべての人が自分の消費行動や動機について似たような嘘をついているかもしれません！）。

　また、「十分な」代表という言葉の定義を操作して統計データの操作もできます。悪いリサーチャーは結果を操作して、結論が実際よりも決

※ 50―リンクはサポートサイトを参照してください。

定的（つまり、統計的に有意）であるかのように見せかけます。

■ 森の中へ

　調査サンプルに関する数学をファンタジーに例えて大まかなレベルで説明します。アンケートを始める前または定量的な手法を使う前に基礎的な統計学のコースを受講するのは良い考えですが、多くの人が想像する以上に、ほとんどの定量リサーチが「-ish」（約、概ね）の比率が高いことの理由を把握することが不可欠です。

　想像してみてください。皆さんはフォロイのオークの森に住むケンタウロスを研究しています。これからの季節に彼らにウエストバッグをより効果的に販売するために、ケンタウロスにアンケート調査を行いたいと思っています（ケンタウロスがおやつをどうやって持ち運んでいるか考えたことがありますか？）。

　対象は森に住むすべてのケンタウロスたちです。自分が本当に連絡が取れるケンタウロスたちを、「サンプリングフレーム」と言います（すべてのケンタウロスとサンプリングフレームが一致しているのが理想ですが、もしかすると自分の持っているケンタウロスの連絡リストが古いかもしれません）。「サンプル」は、実際にデータを収集する個々のケンタウロスの集まりです。目標は、このサンプルから森にいるすべてのケンタウロスについて抽象化することです。

　適切なサンプルが何を意味するのかは、実は判断が必要な部分です。サンプルの大きさが大きくなればなるほど、誤差は少なくなります。全体の人口に占める調査対象の割合が大きいほど、その結果は代表性を持つようになります。

$$\frac{\dfrac{z^2 \times p\,(1-p)}{e^2}}{1 + \left(\dfrac{z^2 \times p\,(1-p)}{e^2 N}\right)}$$

図 9.1 魔法の公式

こちらは魔法の公式です（図9.1参照）。

安心してください。すべてのアンケートツールにはサンプル数の計算機が付属しており、ウェブ上には無数に計算機があります。ここから先は公式の内側の一部分を覗いただけです。公式を分解してみましょう。

N = 人口サイズ

Nはケンタウロスの総数です。通常、推測や見積もりであり、対象とする人口の定義によります。全てのケンタウロスか？ 成人のケンタウロスのみか？ 独身で成人のケンタウロスのみか？ おそらく住宅の価格が上がったことで隣の谷からケンタウロスが引っ越してきたので、今現在森にどれくらいのケンタウロスがいるのかはわかりません。

e = 誤差率

誤差率は、サンプル統計と全人口の知りえない値との差です。たとえば、±5%の分散（相違）はかなり標準的です。誤差率が高いほど、アンケート結果が全人口に当てはまる可能性は低くなります。

デザインやマーケティングリサーチでは、ランダムサンプリングを行うことはまずないでしょう。朝、偶然そこにいたケンタウロスを調査したり、調査票を貼った木のそばを通りかかったケンタウロスを調査したり、皆さんの専門的なネットワークにいるケンタウロスを調査します。つまり皆さんのサンプルには偏りがあります。

統計値には、未回答や記憶の誤りなど、誤差率以外のエラーは含まれていません。エラーを完全に排除することはできません。

z＝信頼水準

　95％の信頼水準は、理論的には同じ時間帯、森の同じ場所、同じ季節に調査を100回繰り返した場合に、95回の結果は誤差率の範囲内に収まることを意味します。つまり、結果はほぼ同じになります。科学研究では95％が一般的ですが、ビジネスでは真実である可能性が90％あれば問題ありません。完全な確信を持てるということはありません。「z」は、与えられた比率が平均からどれだけの標準偏差で離れているかを示し、つまり平均からのずれの程度を示します。

p＝パーセンテージ値

　「p」は統計分析の複雑で核心的な概念です。大まかに言うと、偶然に同じ結果を得る確率です。0.05未満の「p」は、有意性があると認められています。

　定量調査が必ずしも統計的に有意な結果をもたらすわけではありません。時には、うんざりするほどの曖昧さを含んでしまい、有意義な結論に到達できるか分からなくなることもあります。結果を出さなければならないというプレッシャーは、繰り返し入力をして分析を何度も行う「p-ハッキング」という習慣を生み出しています。例えば、いくつかの外れ値を削除したり、回答者を追加したりすることがこの「p-ハッキング」という習慣に含まれます。定性調査では追加のインタビューが許容されることが多いですが、定量調査で追加を行うのは望ましくないのです。

■ 結論

　つまり、森に1,000頭のケンタウロスがいるとして、5%の誤差率(e)と95%の信頼水準(z)を求める場合、278頭のケンタウロスに調査を行う必要があります。

　数学的な根拠により、全体の人口が多ければ多いほど、同じ信頼水準を確保するためにサンプルに含める必要がある人口の比率は少なくなります。例えば、森に1万頭のケンタウロスがいれば、サンプルとして370頭を含める必要があります。十万頭の場合は383頭で十分です。これが、ピュー・リサーチ・センターが、963人に対する調査結果を基に、アメリカのFacebookユーザーの27%が自分の広告設定ページにある属性リストが自分自身を表していないと感じていると報告できる理由です[※51]。

　信頼水準を下げ、誤差率を広げれば、必要なサンプル数を小さくできます。信頼水準を90%に設定し、誤差率を10%まで受け入れる場合、1万頭のケンタウロスのうち68頭のみを調査すれば、90%の確率で得られる結果は人口の全体の10%の誤差の範囲内に留まります。

　たとえば、調査した68頭の中で20頭（約30%）が過去1年間にウエストバックを購入したと答えた場合、調査したサンプルが全体を適切に代表しているとすると、全体の人口の20%から40%が同じ答えをするだろうと、90%の自信を持って言えます（図9.2参照）。

※51—リンクはサポートサイトを参照してください。

アンケートの質問	昨年ウエストバッグを購入しましたか？	
	例A：サンプル数・小	例B：サンプル数・大
総頭数	10,000	10,000
誤差率	10%	5%
信頼水準	90%	95%
サンプル数	68	370
回答	はい：20 いいえ：48	はい：111 いいえ：259
結果	頭数全体から代表的なサンプルを取ったと仮定した場合、20〜40%の範囲でケンタウロスが「はい」と回答すると、私たちは90%の自信を持っています。	頭数全体から代表的なサンプルを取ったと仮定した場合、25〜35%の範囲でケンタウロスが「はい」と回答すると、私たちは95%の自信を持っています。

図9.2：定量調査のデータに基づいて大きな賭けをするつもりなら、表が何を意味するかをはっきり理解する必要があります。

これは、400頭に調査を行ったからといって、その結果から自動的に一般化できると言っているわけではありません。

まだ重要な点に言及していないことも理由の一つです。

■ アンケートの回答率

対象者の中でアンケートを完了させた人の割合を「回答率」と言います。アンケート参加の機会が提供されたときに、実際に情報を提供する人々だけが、自分のサンプルに含まれます。必要な回答数を得るためには、求める数よりもずっと多くの人にアンケートを提示しなければなりません。

理想的な回答率を示す一つの数字があれば良いのですが、実際には様々です。アンケートへの回答率は、対象とする人口、コンテキスト、アンケート自体の長さなど多くの要素に左右されます。たとえば、洞窟に住む隠者のような接触しにくい集団を対象としている場合や、17個ものポップアップ広告が表示されるサイトに対して意見を求める場合、回答率は低くなるでしょう。

　370頭のケンタウロスのサンプル数が必要で、アンケートの回答率が2％である場合、18,500頭のケンタウロスに対して呼びかけを行う必要があります。回答率が2％であることは、無回答の可能性が高いことを意味しています。

　結果の統計的有意性についてはまだ触れていない点に注意してください。回答者と非回答者の間に意味のある差異が存在するとき、それは非回答バイアス（Nonresponse Bias）※52と呼ばれます。例として、森の優れたケンタウロスが自らのウエストバックを縫う作業に忙しく、アンケートに回答しなかった場合、それは重要な非回答バイアスとなりますが、アンケート結果には現れないでしょう。

　複数回連絡すると、回答率が上がるかもしれませんが、対象とする顧客が様々なリサーチャーからどれだけの調査にさらされているかを考慮する必要があります。調査疲れは実際に存在します。調査を提案する人は、ウェブ上で1週間に遭遇する全てのアンケートをメモしておくべきです。

　アンケートの目的、配置、デザインは、回答率に強い影響を与えます。しばしば、回答率を改善する努力はサンプリングのバイアスを引き起こしてしまいます。すでにウエストバックに強い関心を持っているケンタウロスからの情報をもとに抽象化すると、人口全体に対する見解が偏る

※52─アンケートや調査において、回答を得られなかった人々と回答を提供した人々との間に存在する違いから生じる偏りのことです。このバイアスは、回答しないグループが特定の特徴や意見を持っている場合、調査結果に影響を及ぼす可能性があります。

可能性がありますが、データにはその事実を示すものは何もありません。

数字はどれだけ重要か？

　本書の初版が発売されてから何年にもわたって、私が一番多く聞かれる質問はこのようなものです。「数字のことしか頭にない経営層に、定性調査の重要性をどのようにして理解してもらえるのでしょうか？」

　経営者が意味を数値指標で置き換える傾向は「代理」現象として知られています。この現象は、数値が支援するはずの戦略を逆に弱体化させる可能性があります。多くの経営者は、サンプルが大きければその代表性を示すものだと誤解したり、思考に代理現象が紛れ込むことにより、定量的手法を無条件に優先します。この問題に立ち向かうには、いつも本来のゴールへと焦点を戻す必要があります。

　ゴールに到達するために必要な洞察を発見するには、定量調査は時間の無駄かもしれません。

　社員がランチを何にするか選ぶ場合、アンケートを利用するのが良いでしょう。全員にタパスビュッフェを提供し、「ハンバーガー」と答えたフランクが、ハンバーガーを食べないと機嫌が悪くなる可能性を把握するのに役立ちます。アンケートの結果は一回の食事についてのものであるので、リスクはほとんどありません。

　一方で、もし組織のライブイベント予算からオンライン講座やデジタルコンテンツに500万ドルを転用するのを検討している場合、偏ったサンプルから収集した限定的なデータを利用して、自分の主観的な解釈に基づいて決断をするのは避けたいものです。定性調査や、自分のゴールを達成するためにデザインされたインタビューと分析の組み合わせから、より良い情報が得られるはずです。

調査の計画

> アンケートは、企業が何を重視し、細かい部分にどれだけ注意を払い、そしてユーザーの時間をどれほど大切にするか、ユーザーに直接伝えるメッセージです。ユーザーの時間を価値あるものとして扱い、ブランドの最高の面を映し出すアンケート体験を提供してください。
>
> ―Stripeのリサーチ部門責任者、アニー・スティール（Annie Steele）

とうとうアンケートの実施を止められませんでした。あらゆるリサーチと同じように、出発点はデザインゴールを達成するために必要な情報、つまりリサーチの目的にあります。結果によってどのような決定が導かれ、結果に基づいてどのような行動を起こすかについても、はっきりさせておくべきです。

アンケートのデザインゴールは、回答者が自己に関する確かで真実の情報を提供しやすくするためのやり取りを構築することです。これを達成するには、アンケートの設計に着手する前に、十分なターゲット層に関する十分な情報を持っていなければなりません。答えられるようにするべき重要な質問をいくつかあげます。

・誰に対してアンケートをするべきか？

・どのような文脈で対象者に対してアンケートを行うべきか？

・対象者は、私たちの質問に対して正確で役立つ回答を提供する意思と能力があるか？

・対象者が回答する動機は何か？

・ユーザーや顧客から必要な情報を得るために、アンケートではない別の良い方法はないか？

目的が明確になればなるほど、アンケートはより効果的になります。質問数が適切で、回答可能なアンケートがあれば、その結果をベースに具体的な行動に移る計画を準備しておくことが必要です。

■ アンケートを作成する

　あらゆる調査と同じように、何を知る必要があるかが設計を決めます。すべての選択は意図的で目標を達成するために設計されていなければなりません。そうでなければ、バイアスに満ちた乱れた状態に陥ってしまうでしょう。

　目的と対象者がわかったら、次のことを決める必要があります。
・質問の数
・質問の並び順
・質問はオープンかクローズドか
・クローズドな質問の場合には、選択肢を与えるのか、スケール（目盛り）で答えさせるのか

　同じテーマと回答者であっても、質問の種類と並び順によって大きく結果が変わることがあります。例えば、具体的な質問を抽象的な質問より先に行うと、回答者の思考を狭めてしまう恐れがあります。クローズドな質問をする際には、回答者の視点から考え得る全ての選択肢を予め準備しておく必要があります。回答者にとっての正しい選択は、目的、コンテキストによって変わります。モバイルデバイスでアンケートを取る際は、画面の大きさや集中力の限界を考慮していますか？　モバイルデバイスでのアンケートが難しい作業であると伝えましたか？　実際、本当に難しいのです。

　言い換えれば、良いアンケートの作成には、何を知りたいか、そして知りたい情報を得るにはアンケートがなぜ適切な手段なのかをはっきりと理解する必要があります。必要とする回答を先に決め、それに基づい

て明確な質問を作成しましょう。

　回答：当社のアクティブユーザーのX%が自宅で犬を飼っています。

　質問：自宅で犬を飼っていますか？

　回答：これがこのページの直帰率が高い理由です。

　質問：あなたはこのページで何を探してましたか？

　質問の種類にかかわらず、念頭に置くべきいくつかのポイントがあります。

1.　まずはより一般的な質問をする。

2.　回答者が理解しやすい、具体的でシンプル、そして簡潔な言葉で書く。

3.　一度に質問するのは一つだけ。複数の質問を組み合わせないようにする。

4.　「ジェフ・ゴールドブラムが演じた役で最も魅力的なのはどれですか？」のように、あらかじめ答えが仮定されているような質問や、特定の回答を誘導するような質問はしない。

5.　遠い過去を思い出させたり、未来を予測させるような質問はしない。

6.　回答の選択肢は、考えられるすべての回答を網羅できるよう用意しつつも、選択肢が多すぎて回答者が混乱しないよう、適切な数に制限する。

■ 質問の構造

　データに定量と定性の2種類があるように、質問にもクローズドとオープンの2種類があります。

　「どのようにして私たちを知りましたか？」というオープンな質問では、回答者がテキストフィールドに自由に回答を入力できるようにします。テキストフィールドは質問をする側は簡単ですが、回答する側は大変です。あまりにも頻繁にオープンな質問をすると、回答が得られない

空欄が多く出てしまうかもしれません。

　クローズドな質問あるいは構造化された質問は、あらかじめ決められたカテゴリーの中から回答を選ぶ形式です。回答形式には単一回答、複数回答、スケールの数字の選択があります。適切に構造化された質問は、回答者が答えやすく、またリサーチャーのデータ集計も簡単です。ただし、クローズドな質問は便利な一方で、選択肢が現実を反映しているかどうか、さらに注意する必要があります。

　構造化された質問のための回答選択肢を作る際は、選択肢が十分にあり、さらに各回答が重複せずにユニークであるかを確かめることが大切です。

単一回答

　最も基本的な構造化された質問では、回答者はいくつかの選択肢の中から一つの回答を選択できます。

　ホットドッグはサンドイッチですか？

　（　）はい

　（　）いいえ

　このシンプルな質問には重要な教訓が含まれています。質問への回答を数えたとしても、ホットドッグがサンドイッチかどうかを教えてくれるわけではありません。単に、与えられた質問に対して「はい」と答えた人と「いいえ」と答えた人が何人いたかを教えてくれるだけです。調査の実施方法によっては、各回答がそれぞれ異なる人によるものかどうかさえわからないかもしれません。

　選択肢が互いに排他的であり、考えられる全てのカテゴリーを含める程度に網羅的であるかを確認する必要があります。例えば、

　あなたの住まいを最もよく表すものは何ですか？

　（　）一軒家

　（　）アパート

（　）トレーラーハウス

（　）タウンハウス

　回答者がユルト（円錐形のテント）やボートハウスに住んでいる場合はどうすればよいでしょうか？「その他」の選択肢を追加し、自由記述が可能なテキストボックスを用意すれば、予期せぬ回答も得られます。しかし、リストに自分の住まいが含まれていないと感じる人々が不満を持ったり、理解されていないと感じるリスクは残ります。

複数回答

　複数回答の質問は、回答者に関連性が高くわかりやすい選択肢にしましょう。専門用語を使う場合でも、ターゲット層がわかる言葉で書きましょう。一つの質問につき、一つの事だけを尋ねるようにし、時間軸や抽象度が異なるものを混在させないようにしましょう（図9.3参照）。

不適切な質問	改善された質問
以下のうち、過去1週間またはそれ以前にどれを行いましたか？	以下のうち、過去1週間でどれを行いましたか？　該当するすべてを選んでください。
□ 母親と電話で話した、または受けた □ 友人とスマートフォンでビデオ通話をした、または受けた □ 職場でビデオ会議に参加した □ 子どもに本を読んだ	□ 固定電話で電話をかけた、または受けた □ スマートフォンでビデオ通話をかけた、または受けた □ ビデオ会議に参加した □ 本を読んだ

図9.3：左側は不適切な質問と選択肢、右側は改善された質問と選択肢の例です。

スケールを使用する

　スケール上に回答の選択肢が点で示され、順序が重要な場合、それらは「スカラー型の質問」といいます。スケールは扱うのが難しく、なじみ深い言葉を使い、意味がある必要がありますし、選択されるスケールのタイプは回答者のメンタルモデルを反映する必要があります（例：14/10はとても曖昧）。そうしないと、回答者は自分の実際の態度や行動に合わない、いい加減な選択をする傾向にあります。

■ インターバルスケール

　インターバルスケールとは、数学的に数値間の差に意味がある一連の数値のことです。回答者は、文章ではなく、直接的に対象や属性へ評価を行います。例えば、「デザインを1から10のスケール（目盛り）で評価してください」や、「この本を1から5の星の数で評価してください」といった具合です。

　インターバルスケールで評価をしてもらう最大のメリットは、平均値が算出できることです。これはリッカート尺度ではできません（後ほど説明します）。

　しかし、具体的に平均値が何を示しているかを正確に判断することは難しいです。例えば、トリップアドバイザーで4.8の評価を受けたホテルは良いかもしれませんが、経営者を支援している大家族がいるかもしれません。ロッテントマト（アメリカの映画評価サイト）で2.1の評価を受けた映画はひどい内容かもしれませんが、ネットで一斉攻撃（トロールアタック）の犠牲になっているのかもしれません。

　平均値もまた、全てを語るものではありません。例えば、オフィスで働く全従業員に理想的な室温について調査し、回答から平均値を算出したとしても、暖かいのが好きな人と涼しいのが好きな人という明確なグ

ループを見落としてしまった場合、結果的に誰もが室温に不満を感じる
でしょう。

■ 満足度満載

　調査でよく話題になるのが「満足度」です。プロダクトやサービスが
顧客の期待にどの程度応えられているかを示す顧客満足度は、企業が顧
客のロイヤリティ（忠誠度）を計測し管理に最も広く使われる指標です。
満足度は抽象的な概念であり、コンテキストに依存しています。価格や
その状況での利用可能な他のオプションに深く依存しています。例えば、
UberやLyftなどの配車アプリに対して、コストと便利さで満足度が高
いと多くの人が感じていますが、乗客を引き付けるために意図的に料金
は低く抑えられています。UberやLyftなどの配車アプリが、もしサー
ビスを持続可能な価格で提供した場合、乗客は同じくらい満足するで
しょうか？

　産業全体が顧客満足度の指標に依存しており、そして同時に、その指
標を作り出すことで利益を得る産業がある場合、私は指標に懐疑的にな
ります。

　最近、以下のような助けを求めるメッセージを受け取りました。

　最初は「Foresee」に懐疑的だった私の上司も、次第にファンになり
ました。上司の思考は分析的で、「満足度」のような計量できないデー
タを数値化できる「Foresee」の可能性に惹かれ、懐疑的だった見方を
変えました。

　この上司は「非常に分析的な性格」の持ち主です。つまり、上司は定
量データを重視するタイプです。私に連絡してきたデザイナーは、顧客
体験を正確に測定しようとする過程のポップアップ形式のアンケートに
よって、顧客体験自体が害される可能性について心配していました（こ
れは、典型的な代理現象（Classic surrogation）の問題です）。

Customer Satisfaction Survey

Thank you for visiting our site. You have been randomly selected to take part in this survey to let us know what we are doing well and where we need to do better. Please take a minute or two to give us your opinions. The feedback you provide will help us enhance our site and serve you better in the future. All results are strictly confidential.

*Required questions are denoted by an ***

1: *Please rate **how well the site is organized.**
1=Poor   Excellent=10
| 1 | 2 | 3 | 4 | 5 | 6 | 7 | 8 | 9 | 10 | Don't Know |
| ○ | ○ | ○ | ○ | ○ | ○ | ○ | ○ | ○ | ○ | ○ |

2: *Please rate the **options available for navigating** this site.
1=Poor   Excellent=10
| 1 | 2 | 3 | 4 | 5 | 6 | 7 | 8 | 9 | 10 | Don't Know |
| ○ | ○ | ○ | ○ | ○ | ○ | ○ | ○ | ○ | ○ | ○ |

3: *Please rate **how well the site layout helps you find what you are looking for.**
1=Poor   Excellent=10
| 1 | 2 | 3 | 4 | 5 | 6 | 7 | 8 | 9 | 10 | Don't Know |
| ○ | ○ | ○ | ○ | ○ | ○ | ○ | ○ | ○ | ○ | ○ |

4: *Please rate the **number of clicks to get where you want** on this site.
1=Poor   Excellent=10
| 1 | 2 | 3 | 4 | 5 | 6 | 7 | 8 | 9 | 10 | Don't Know |
| ○ | ○ | ○ | ○ | ○ | ○ | ○ | ○ | ○ | ○ | ○ |

5: *Please rate the **visual appeal** of this site.
1=Poor   Excellent=10
| 1 | 2 | 3 | 4 | 5 | 6 | 7 | 8 | 9 | 10 | Don't Know |
| ○ | ○ | ○ | ○ | ○ | ○ | ○ | ○ | ○ | ○ | ○ |

6: *Please rate the **balance of graphics and text** on this site.
1=Poor   Excellent=10
| 1 | 2 | 3 | 4 | 5 | 6 | 7 | 8 | 9 | 10 | Don't Know |
| ○ | ○ | ○ | ○ | ○ | ○ | ○ | ○ | ○ | ○ | ○ |

7: *Please rate the **readability of the pages** on this site.
1=Poor   Excellent=10
| 1 | 2 | 3 | 4 | 5 | 6 | 7 | 8 | 9 | 10 | Don't Know |
| ○ | ○ | ○ | ○ | ○ | ○ | ○ | ○ | ○ | ○ | ○ |

8: *Please rate the **accuracy of information** on this site.
1=Poor   Excellent=10
| 1 | 2 | 3 | 4 | 5 | 6 | 7 | 8 | 9 | 10 | Don't Know |
| ○ | ○ | ○ | ○ | ○ | ○ | ○ | ○ | ○ | ○ | ○ |

9: *Please rate the **quality of information** on this site.
1=Poor   Excellent=10
| 1 | 2 | 3 | 4 | 5 | 6 | 7 | 8 | 9 | 10 | Don't Know |
| ○ | ○ | ○ | ○ | ○ | ○ | ○ | ○ | ○ | ○ | ○ |

図 9.4：毎週目にする数多くのアンケートの中から無作為に抜き出した「Foresee」の顧客満足度調査の例を紹介します。これらの質問は、なぜか適切であると判断されたものです。

一般的な顧客満足度調査を見てみると（図9.4参照）、質問が本当にビジネス成功の指標にどう関連しているのかわかりづらいです。例えば、「このサイトのナビゲーションの項目を評価してください」とは具体的に何を意味するのでしょうか？　どのビジネス成功の指標に関連しているのでしょうか？「クリック数を10点満点で評価してください」というのは、人々はクリックの回数を数えるだけで、そのクリックの回数から生まれる体験を評価するわけではありません。「情報の正確さ」自体についても、ユーザーが全知全能の神でもない限り、その答えはわかりません。これらの質問はウェブサイト本来の目的や、人間がどのように考え、意思決定をするかについて何も示してくれません。数字があるからといって、自動的に客観的で意味があるものにはならないのです。

　いわゆる顧客満足度調査の質問にある巧みな策略は、ユーザーのコンテキストから完全に切り離された形で、ウェブサイトの抽象的な特徴のランダムな組み合わせを提示しているに過ぎないということです。これは、ユーザーリサーチの中の錬金術のようなものです。つまり、計測不可能なものに頼りながら、一方で、顧客満足度調査を販売している業者は収益をあげています。フロギストン[53]の世界をご堪能ください。

※53―燃焼の際に放出されるとされた架空の物質。関連する用語にフロギストン説があります。フロギストン説は、「『燃焼』はフロギストンという物質の放出の過程である」という科学史上の一つの考え方です。当時知られていた科学的知見を元に提唱された学説だが、酸素説が提唱されたことで衰退しました。

■ リッカート尺度

> 結局のところ、私たちが測定したいのは実験者の態度ではなく、グループメンバーの態度です。
> —レンシス・リッカート（Rensis Likert）「態度測定のための手法」（1932年）

　心理学者にして社会科学のパイオニア、レンシス・リッカート（Rensis Likert：リックアートと発音する）は、もっと高く評価されるべきです。リッカートの名は、自身の博士論文の中で開発した調査スケールと深く関わっています。調査参加者は、一連の声明に自分の同意や不同意の度合いをスケール（図9.5参照）で示します。このスケールは二極性で、左右対称で、肯定的と否定的選択肢が均等に分布している必要があります。このスケールを設計した目的は、以前の方法を改善し、集団内の態度の分布をより簡単で、精度の高い方法で見つけ出すことでした。

私たちの国は、どんな状況下でも再び戦争を宣言すべきではありません。				
強く賛成 （5）	賛成 （4）	どちらでもない （3）	反対 （2）	強く反対 （1）

図 9.5：1932 年の論文からのリッカート尺度の例です[54]。

※ 54—リンクはサポートサイトを参照してください。

リッカートは米国農務省での勤務を経て、農民たちがニューディール政策（1933年）に対してどのような感情を抱いているか調査しました。その後、リッカートは米軍のプロジェクトに加わり、爆撃を受けた日本とドイツ市民の士気に関する調査を実施しました。さらに、ミシガン大学社会研究所（ISR）を創立し、現在もISRは最前線を行く学術調査研究機関として知られています。その後、リッカートは組織心理学者および経営学に関する数々の書籍を執筆し、キャリアを締めくくりました。

　つまり、リッカートは仕事に対して深い考察を重ねたのです。なので、単にスケールをあてはめてそれをリッカート尺度と呼ぶのは乱暴で無理があります。

　本物のリッカート尺度は、5点または7点で同意や不同意を評価するものです（図9.6参照）。各ラベルは意見の違いの程度を示します。例えば、頻度の尺度では「時々」から「まれに」の程度の差は人によって異なりますし、リッカートがこのChapterの冒頭の論文で触れたように、「文化的グループ」によっても程度は変わります。すべては相対的なのです。

頻度	品質	重要度	望ましさ
いつも	とてもよい	とても重要	とても望ましい
しばしば	よい	重要	望ましい
時々	普通	ほどほどに重要	どちらでもない
まれに	悪い	少し重要	望ましくない
しない	とても悪い	重要でない	まったく望まない

図 9.6：リッカート尺度は同意、不同意以外の他の特性も測定できます。

一部のリサーチャーは、強制的な選択を促すために、どちらでもない中立の選択肢を消すことがあります。しかし、人々がどれくらい物事を知らない、または関心を持っていないかを理解することは、とても重要だと思います。これはよく、ステークホルダーを驚かせます。例えば、「タイドポッド（洗濯洗剤の名前）を知っていますか？　それとも知らないですか？」のように中立がない質問の場合、中立の選択肢を設けないことは妥当です。もしもっと専門的な表現を使いたいなら、以前見たForeseeの調査（図9.2参照）のように、対称的にラベル付けされた回答基準に合致しないリッカート尺度を「順序回答尺度」と呼ぶのが適切です。

　アンケートの回答を検討する際には、中立の選択肢が本当に一般的に受け入れられる「中立」であるかを考えてみてください。「中立」は「質問が理解できない」、「立場を明確にすることに抵抗がある」あるいは、「質問の設定自体に異議がある」といった様々な意味を含む可能性があります。アンケートから実際にどれほどの情報が得られるのかを考える際に留意してください。

リッカート尺度アンケートの設計

　自分だけのリッカート尺度を作りたいですか？　次のように作りましょう。

・調査のトピックを選びます。例えば、顧客満足度？　ジェントリフィケーション（都市の高級化）に対する態度？　節約の目標などです。一つのテーマに絞ると、分析が明確になります。
・スケールの両極を選びます。同意する/しない、いつもする/しないなどです。
・基準点の数とそのラベルを決めます。5点か7点か？　もっと細かい分類をしたくなるかもしれませんが、テーマや対象者にとってどれだけの回答の幅が適切かを考えてください。リッカート自身は5点を好

んでいました。

・質問または声明を作成します。回答者が使う言葉で表現される必要が
あります。インタビューやカスタマーサポートからのフィードバック、
ソーシャルメディアから得られたフレーズで見つけられます。

　一貫したスケールとラベルのセットをアンケートごとに使用すること
で、誰にとっても便利であり、エラーが起きる可能性も減ります。さら
に、一貫性を保てば、時間をかけて結果を比較できます。

　質問の代わりに声明を使うと、同意しやすいという社会的規範が強い
ため、「いいえ」と言いづらくなる迎合バイアス（Acquiescence Bias）
が生じる可能性があります。迎合バイアスを防ぐには、否定的な選択肢
から始めるか、同意を求めない形の質問に変更する戦略が効果的です。

電動スクーターは通勤に便利です。
強く反対 | 反対 | どちらでもない | 賛成 | 強く賛成

通勤の手段として、電動スクーターをどれほど不便または便利と感じま
すか？
とても不便 | 不便 | どちらでもない | 便利 | とても便利

リッカートデータの分析

　リッカート調査で得られるデータは定量データであるため、定量的な
手法で分析する必要があります。結果が統計的に意味があるかの判断が
重要です。たとえば、その回答の分布は偶然に生じたものでしょうか？
この手順を踏まないと、得られた結果をただの個別の事例として扱い、
自分の先入観を反映させてしまうことになりかねません。

　リッカート尺度のデータは、順序があり離散的で、範囲が決まってい
ます。つまり、2つの両極端なカテゴリーの選択肢の間で回答の順位付
けをしますが、隣り合う順位の差は大きく異なる可能性があります。1

番目に多くの人が選んだ回答と2番目に多い回答の差は、2番目と3番目の回答の差よりもずっと小さいかもしれません。

　例えば、あなたの近所の97人に、電動スクーターについて1問だけの質問でアンケートを取ったとします。結果は以下のようになりました。

あなたは自分の住む地域で電動スクーターに乗ることを、安全だと思いますか？
　強く反対：35人
　反対：7人
　どちらでもない：19人
　賛成：20人
　強く賛成：16人

　興味深い結果ですが、得られた数値を合計して平均は出せません。なぜなら、この場合の平均値には意味がないからです。もし最も多く選ばれた値、つまり最頻値を知りたい場合は、回答を降順に並べられます。
　強く反対：35人
　賛成：20人
　どちらでもない：19人
　強く賛成：16人
　反対：7人

　「強く反対」が最も多く選ばれ、全体の36%を占めました。これが最頻値です。

棒グラフを使って、ポジティブからネガティブまでの感情の分布を示すのはとても役立ちます（図9.7参照）。グラフが示すのは、アンケートの回答者の大半が安全性について中立からポジティブな感情を持っている一方で、少数ながらも非常にネガティブに感じている人がいるということです。では、このデータから何を読み取れるでしょうか？　答えは状況次第です。あなたが取ったサンプルは、どの程度全体を反映していますか？　小さい子どもがいる家庭や退職した人が多くなったのは、平日の昼に家を訪ねてアンケートを行ったからですか？　また、メールでアンケートを送った人数に比べて返信が格段に少ないため、非回答バイアスを考える必要はありますか？　地域には、3,000人が住んでいますか、それともたったの100人ですか？

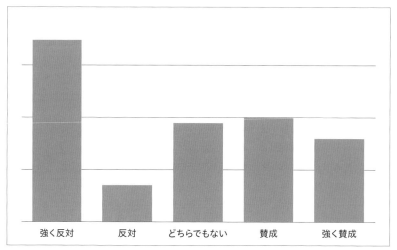

図 9.7：リッカート尺度の回答は棒グラフから、洞察を得られるオレンジ色の小さな塔と見なすことができます。

回答者の年齢、性別、学歴などの追加情報を収集している場合、回答とどのように相関しているかを判断するために、さらに統計的なテストを行えます。

　ネットで検索すると、この種の回答と相関しているデータの扱いについての議論がいかに多いかがわかります。定量データは、客観的な解釈を保証するわけではないのです。

■ ネットプロモータースコア（NPS）

　誰かにそのあとの行動を尋ねるのは、ロイヤリティについて尋ねることではありません。ただ、楽観主義を探っているだけです。
　—ジャレッド・スプール（Jared　Spool）「ネットプロモータースコアの弊害について[55]」

　2003年の「ハーバード・ビジネス・レビュー」に掲載された「成長に必要な唯一の数字」という記事で、ベイン・アンド・カンパニーの経営コンサルタント、フレッド・ライヒヘルド（Fred Reichheld）がネットプロモータースコア（NPS）を紹介しました[56]。ライヒヘルドはコンサルティング業務を通じて、顧客満足度調査は複雑すぎて回答率が低く、成長と関連しない不明確な結果をもたらすことがわかりました。エンタープライズレンタカーのCEOの顧客ロイヤリティを評価する成功する事例のプレゼンテーションを聞いた後、たった一つの質問で成果を得る調査を2年かけて開発しました。

　「あなたが友人や同僚に[会社X]をおすすめする可能性はどれくらいですか？」
　ライヒヘルドは、会社の誰もが結果を理解し、対応できるように、統

※ 55・56—リンクはサポートサイトを参照してください。

計分析が不要なスケールを開発したいと考えました。このアプローチの結果、下記のチケットマスターの例のような11点スケールに落ち着きました（図9.8参照）。

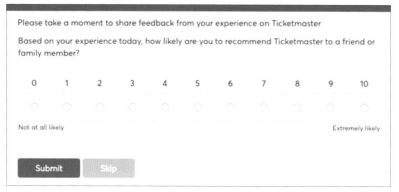

図 9.8: コンサートチケットの購入の体験には、在庫の少なさによる希少性や独占的な影響力など、複雑な要素が絡み合っているため、このような質問では状況を過度に単純化しすぎてしまい、意味深い結果を得るのは難しいです。

　ここでコンサルタントの本領が発揮されます。4,000人の顧客の紹介と購入履歴に関するアンケート回答に基づいて、ライヒヘルドは3つのグループを作成し、名前をつけ、採点システムを開発した後、すべてを商標登録しました（図9.9参照）。

Not at all likely to recommend							Extremely likely to recommend			
0	1	2	3	4	5	6	7	8	9	10
Detractors							Passive		Promoters	
Net Promoter Score = % of Promoter respondents minus % of Detractor respondents										

図 9.9：これは完全にコンサルタントが作ったもので、計算をより簡単にするためのものです。

ネットプロモータースコア（NPS）の範囲は-100から100までです。ライヒヘルドは0から6のスコアを「反対者」とし、それぞれ-1点としてカウントします。7から8の評価は「中立」として0点とカウントし、9か10の「支持者」の評価はそれぞれ1点となります。したがって、100人の顧客にアンケートし、全員が8点をつけた場合、NPSは0になります。これが、プラスのスコアが「良い」と見なされ、50以上が「優れている」とされる理由です。

　ネットプロモータースコアはマネージャーに好まれるように設計されています。シンプルで具体的で、専門的な計算を含み特別に見えますが、実際には幅広く適用可能で強力な指標なのでしょうか？

- **NPSはリサーチツールではありません。**本来ならば、リサーチの本でNPSに触れること自体、避けるべきです。ライヒヘルドが述べたように、NPSは「運営管理ツール」です。顧客が中立的または否定的な体験を報告した場合、結果を支店長に直ちに伝え、問題の根本原因を見つけ出し、解決する方法を習得します。つまり、NPSは学びではなく、満足度の低い顧客体験を明らかにし、解決するものです。全く異なる目的のもので、コストもかかります。

- **NPSはリサーチの代用として誤用されがちです。**有用なデータに見えますが、実際はそうではなく、何かを学んだと組織に錯覚させるだけです。自由記述式の欄を付け加えて、顧客が更に詳しい情報を受け取るようにしても、本質的にはリサーチツールの設計にはなりません。結局、カスタマーサービス担当者が回答を見て、自分たちに都合の良いものだけを選び出します。

- **11点のスケールが特別な力を秘めているわけではありません。**他のリサーチャーによるとリサーチでは、単純な計算でも十分とされています。さらに、一括りにされた0から6は実際には大きく意味が異なるので、0から6のスコアを同じ方法で扱うのは疑問です。

- **NPSはロイヤリティとは関係がないかもしれません。**おすすめする意向の表明は、顧客満足度とは無関係で、文化的背景や顧客の同僚グ

ループのニーズに依存します。回答のバイアスも問題です。NPSは現在の顧客だけを捉え、潜在的な顧客や非顧客、あるいはアンケートに答える気がないほど腹を立てている人は対象にできません。

・**NPSの良いスコアが必ずしもビジネスの健全性を示すわけではなく、期待に基づいています。** サービスの提供コストよりも低い価格設定が期待を超える方法の一つで、NPSの結果は操作されがちです。特にボーナスがスコアに結びついている場合はなおさらです。（図9.10参照）

要するに、NPSスコアがなぜそのようになったのか、また、どう対処すべきかは何も説明してくれません。個々の問題を解決するために各人にフォローアップすることを除いては、どう対処すべきかは推測するしかないのです。

図 9.10: もう滑稽極まりない状態です（NPS の回答者には抽選でギフト券をプレゼントしますという内容が書かれています）。

定量調査 vs 定性調査

定量調査と異なり、定性調査の指標はたいていの場合、対象の顧客全体を代表しているわけではありません。むしろ、定性調査は回答者の意見を表しています。適切な統計ツールを使わなければ、結果が単なるノイズやサンプルによる選択の結果にすぎないのか、それとも実際に全ユーザー集団の態度を反映しているのか判断はできません。

—スーザン・ファレル（Susan Farrell）「優れた定性調査を作成するための28のヒント[※57]」

　記事を読んで、また、もう一度読んでみてください。定性調査から得られた指標を一般化はできないということを丁寧に伝えています。たとえば、インスタグラムでピルズベリーの缶入り生地に関するアンケートに100人が回答し、80人が「やや好意的」と答えたとしても、全インスタグラムユーザーの何割がピルズベリーの缶入り生地に対して「やや好意的」なのかはわかりません（図9.11参照）。たとえアンケートが以前にピルズベリーの広告を見たユーザーにのみ表示されたとしても、広告を見たユーザー全体について一般化することはできません。

※57—リンクはサポートサイトを参照してください。

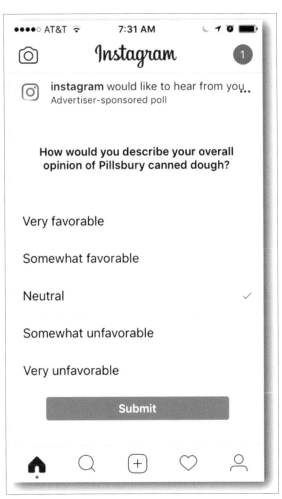

図9.11: 顧客の好意を損なうような無意味な中断は避けてください。良いリサーチを行う人たちの仕事を難しくするだけです。

ただし、アンケートを定性データの補足情報として利用するのは可能です。結果を測定値として扱わずに、説明にだけ着目します。データの分析方法と使用方法を事前に決める必要があります。

　スーザン・ファレルの言葉を借りると、「データに基づいて行動を起こさないなら、その質問をするべきではありません。」最初に必要だと思っていたことを忘れてしまうようなリサーチではなく、行動に移せるデータを生み出すリサーチを行ってください。

　アンケートが60%の確率で機能するというのは、おそらく楽観的な見方です。

解析

Analytics

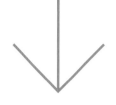

もし彼らが、私たちが彼らにもたらす数学的に確実な幸せを理解しえないなら、私たちは彼らを幸せにするために強制せざるを得ないでしょう。
—エフゲニー・ザミャーチン（Yevgeny Zamyatin）「われら」

「最適化」
「最適化」というのは、本当に心惹かれる言葉です。何かを最高の状態にするのを望まない人はいるでしょうか?

ウェブサイトやサービス、アプリのデザイン設計と開発に尽力した後、それらのプロダクトを最高の状態にしたいと思うのは当然です。最適化したいと思うのです。デザイン設計の最適化は、定量調査と解析の最重要目標です。皆さんにウェブサイトやサービス、アプリにお金を払って購入して支援したいという人が、周りには大勢います。

最適化に取り組む際には、「善」とは何かという、いにしえからの難解な哲学的問題に直面します。何が善か、それがなぜ善であるのか、ベストとはどのような意味か、何に対して最適化を試みているのか、そして最適な状態に到達し、ベストに到達したといつ知れるのかを考えることになります。

一つのことを最適化し、多くの悪いことが起こる可能性はありませんか?

楽観的な人達は、何か明確で客観的な基準があるかのように話しますが、本当に最適なものについて考え始めると、最適なものは常に主観的であり、いつも何かをトレードオフしなければならないことがわかります。これが、デザイナーが機械に代替されない理由です。

数学、再び

　エスノグラフィーやユーザビリティテストなどの定性リサーチはたくさんの成果をもたらします。人々がどのように決断するのかを理解することで、自分でも完全に認識していない習慣を垣間見られるかもしれません（あれ、私のブラウザの履歴にTMZがよく出てくるな[※58]）。これらの洞察をもとに、成功を引き寄せる合理的で華麗なシステムのデザインができるようになります。

　そしてプロダクトを世界へリリースし、自分の正しさを確かめる時が来ます。リリースからが本当の楽しみです。事前にどれだけリサーチし、洗練されたデザイン思考を行ったとしても、最初から全てを完璧になるわけではありませんが、不完全は問題ありません。なぜなら、これからデータが... いや、訪問者がやって来るからです。

　ウェブサイトやアプリが稼働し、多くのユーザーが訪れ始めると、定量的なデータが集まります（もし誰も来なければ、マーケティング戦略を見直してください）。ウェブサイトと各ユーザーのやり取りは全て計測可能です。熱心にリサーチしたニーズや特徴を持つ人々は、顔の見えない大衆へぼんやりと消えていきます。

　皆さんは情報に基づいた推測の世界にいました。今は、もっと大きな舞台にいます。実際にデータが手に入ります。デザイン設計が現実の世界でどの程度効果を発揮しているか確認できるようになります。訪れる人はどれくらいいるのか？　どのくらいの時間をサイトで過ごすのか？　何を閲覧するのか？　どこでサイトを離脱するのか？　離脱した人は戻ってくるのか？　どれだけ頻繁に戻って来るのか？　そして、ボタンはクリックされるのか？

※ 58—TMZ というサイトを Erica Hall はよく見ているが、認識していない。でもブラウザ履歴から、認識していないが TMZ を見てることがわかる。という意味です。

成功を計測し数字で表せれば、細かい調整に取り掛かれるようになります。デザイン設計の要素は、自分が描いた成功のレベル、そして成功のレベルを越えるために調整できるノブやレバーのようなものに変わります。

■ 釈迦に説法

　皆さんが思い浮かべるボタンをクリックする行為を「コンバージョン」と呼びます。ユーザーがサイトの目標として定められた計測可能な行動を取るたびに、コンバージョンしたとされます。多くのウェブサイトには、明確な存在理由があります。マーケティングウェブサイトでは、「新規登録」のボタンをクリックすること、ECサイトでは「今すぐ購入」、ホテルのサイトでは「予約する」がコンバージョンにあたります。デザイン設計の成功は、コンバージョンにつながるボタンをどれだけの人がクリックし、利益を生む行動を取るかによって判断されます。

　一部のウェブサイトは単純にコンバージョンのためだけにサイトが完全に最適化されていて、一目で明らかです。そうしたサイトのデザインは、鮮やかな楕円形のボタンに動詞のテキストが表示される特徴をもち、明確に一つアクションだけの呼びかけに注力しています。たいていの場合、状況はより複雑で、複数の異なる種類のコンバージョンが存在します。皆さんはどのコンバージョンを一番重視しているでしょうか？

　ウェブサイトやアプリは、メールマガジンの登録、チケットの先行販売、オンラインショッピング、会員登録など、望ましい結果をもたらすアクションを複数用意していることがあります。各アクションのコンバージョン率を計測すれば、それぞれの経路の成功度を測れますが、各コンバージョンが組織全体の成功にどの程度貢献しているかは示されません。この点は、ビジネス上の判断になります。

■ 解析へのスムーズな導入

　データを手に入れたら、すぐにトレンドやパターンを探し始められます。初めは少々手に負えない感じがするかもしれませんが、直接的フィードバックを得る魅力はすぐに感じられるはずです。意思決定者はデータが好きなので、統計データを使いこなすと議論で有利になります。統計データには確かに数学が関わりますが、数学好きな人々が使いやすいツールを作っています。生のサーバーログを自分で分析するのに執着がなければ、ツールを使えば大丈夫です。

　「アナリティクス」とはウェブサイトやアプリケーションの実際の使用データの収集・分析を指し、人々がどのように利用しているかを理解できます。アナリティクスから得られるデータに基づき、皆さんが期待するほど効果を発揮できていないウェブサイトの領域を把握できます。例えば、毎日1,000人がホームページを訪れるものの、わずか5人だけが、そのページ内のリンクをクリックしていることをアナリティクスは示しているかもしれません。この結果が問題かどうかは、サイトの目標によります。サイトを変更した後に測定値や指標を再検証して、変更による効果があったかどうかを見られます。

　例えば、ホームページからのメルマガへの登録者を増やしたい場合は、登録へのリンクを目立たせ、再度アナリティクスをチェックしてみるとよいでしょう。

　この記事を書いている時点で、技術トレンドのウェブサイトbuiltwith.comによると、世界で最も人気のあるウェブサイトのうち3500万以上がGoogleアナリティクスを導入しています。Googleアナリティクスはデータに基づいた正確な解析を目指すスタート地点として非常に優れており、多くの魅力的なチャートやグラフを提供します。登録後は、皆さん自身または開発者が、測定したいサイトのソースコードにJavaScriptのコードを埋め込む必要があります。

　アナリティクスを考える際には、目標と学習という2つの点に留意し

ましょう。どの指標を追うかは、ターゲット顧客やビジネスゴールによって異なります。何かが測定可能だからといって意味があるわけではなく、間違った指標の追跡は、何も追跡しないことより悪影響を及ぼす場合があります。まだ定量的な目標を持っていない場合はいくつか設定してください。サイトの種類や業界の平均値を調べ、平均値を上回る目標を立てましょう。

重要なのは、システムのパフォーマンスについて学び、目標を達成することです。そうでなければ嘘と見栄の指標（バニティ・メトリクス）のような、脈絡がない大きな数が反映された成功像に惑わされることになります。脈絡がない大きな数は実際には何も教えてくれません。Chapter9で取り上げたネットプロモータースコアのように、特定の数字を最適化することに固執し、根拠を見つけることなく関連性を追いかけ、全体像を見失うことがあります。

オンラインプレゼンスの役割が成功の全体戦略で果たす役割によって、単なる数字は実際には何の役にも立たない場合があります。例えば、主要なウェブサイトが戦略的に重要であっても、その目的とするニッチなターゲットを超えることはないかもしれません。

最も興味深いデータは、ウェブサイト上で何が起こっているかについてではなく、トラフィックがどこから来ているか、そして皆さんの取り組みが実際の世界でどのような影響を与えているかについてです。

昔に比べて、必要十分な指標を得ること自体はもはや問題ではありません。問題は、どう活用するかです。目標数値に達していない場合は、データを見直し、変更の優先順位を決めてください。ウェブサイトの場合、離脱率（単一のページを見て離れる訪問者の割合）が良い出発点です。メッセージの微調整を行う前に、人々に十分な時間を滞在してもらうようにする必要があります。離脱率が高い場合は、期待が満たされていないか、次に何をすべきか不明確であることを示しています。

どのページが最もよくアクセスされる入口かをアナリティクスで確認し、ページの明瞭さを見直してください。訪問者にしてほしい事が分

かっているなら、ページのデザインや内容で伝わるようにしましょう。どうやって確認するかというと、ユーザビリティテストを行うか、スプリットテストのような統計的な手法を行えます。

スプリットテスト

あらゆる問題には多くの解決策があります。例えば、メルマガへできるだけ多くの人に登録してもらいたい場合、サイトにどんな改善を加えるのが最も効果的か、議論があるかもしれません。このような議論がある問題を解決する方法の一つに、「スプリットテスト」があります。

スプリットテストは、ウェブサイト上の特定のページや要素に対する実地試験のようなものです。一部の訪問者には現在のデザインが、その他の訪問者には別のデザインが表示されます。特定の指標で明らかに性能が良いバリエーションが勝者となります。その後、全トラフィックを勝者に移行するか、別の挑戦者と対比させるかを選択できます。

スプリットテストは、トラフィックをプログラムで分け、サイトのページデザインや要素のバリエーションをランダムにユーザーへ表示する手法です。たとえば、半分のユーザーに現在のホームページデザインを表示し、もう半分には同じページ内のコールトゥアクションの直下に新規登録ボタンがあるデザインを表示するかもしれません。地平線上で雲が切れ、数学的な完璧さの神秘的な領域であるマウントオプティマル[59]が見えるかもしれません。

※59—この表現は、比喩的な意味を含んでいます。「地平線上で雲が切れ、数学的な完璧さの神話的な領域であるマウントオプティマルまで見渡せる」というフレーズは、ある目標や理想がはっきりと見えてきた状態、または理想的な解決策や成果が達成可能であると認識された瞬間を描写しています。ここでの「マウントオプティマル（Mount Optimal）」は、数学的な完璧さを象徴する架空の場所として用いられており、何かが最適な状態に達し得る可能性を象徴しています。つまり、困難や障害が晴れ、目標や最適な解決策が明確になる瞬間を詩的に表現しているのです。

スプリットテストには多くの別名があります。「A/Bテスト」、「A/B/nテスト」、「バケットテスト」、「多変量テスト」、そして最適なウェブサイト体験の提供を目指す「全サイト体験テスト（Whole site experience testing）」といった名前が含まれます。すべて基本的に同じ考え方のバリエーションを表しています。

スプリットテストは特にマーケティング担当者にとって興味深いもので、実際には古代[※60]のダイレクトメールで紙の特典オファーを送る手法から派生したものです。例えば、「ピザ1枚につき無料デザートプレゼント」のオファーのチラシを1000軒の家に送り、別の「ピザ1枚につき無料サラダプレゼント」のオファーのチラシを他の1000軒に送り、どちらがより良い反応を得るかを検証します。

スプリットテストを効率的かつ適切に実施するには、芸術性、科学的なアプローチ、そして統計学の相当な知識が必要です。デザイナーとして、時にはこのプロセスに参画したり、様々な変更案を作り出すことが求められます。スプリットテストの運用を直接管理する責任がない場合でも、基本的な知識を持っていれば、テストの影響に適切に対応できます。

■ スプリットテストのプロセス

最終的には、科学に行き着きます。実験が始まりますので、白衣をご用意ください。

スプリットテストを行う際の基本的な手順は、次のようになります。
・ゴールを設定する。
・バリエーションを作成する。
・適切な開始日を選ぶ。
・95％の信頼水準に達するまで実験を続ける。

※60―実際の古代ではなく、馬鹿にして古いことを強調しています。

・データをレビューする。

・次のアクションを決定する：現行のものを維持する、新しいバージョンに切り替える、またはさらにテストを行う。

　具体的で、計測可能な目標の設定が求められます。スプリットテストはトラック競技であり、解釈の余地のあるリズミック体操ではありません。現在のコンバージョン率やそれ以外の重要な指標を正確に知り、どれだけ改善したいかを理解する必要があります。例えば、サイトの訪問者が「チケット購入」ボタンのクリック率が現在5%だとして、このクリック率を7%に増やしたいとします。

　次に、必要なトラフィック量を決めます。サイトの平均訪問者数が重要なのは、トラフィックの多いサイトでは、わずかな改善でもより大きな効果をもたらすからです（例えば100万人中1%と、1000人中1%の違いです）。そして、サンプル数が多いほど、テストは短期間で信頼性が高いものになります。サンプル数は、テストでどれだけの差分を捉えられるか、そしてどの程度の改善を目指しているかによって変わります。わずかな変更を目指すなら、結果に確信を持つために、より多くのサンプル数が必要です。少ないサンプル数でのわずかな変更は、単なる偶然の可能性が高くなります。

　スプリットテストのプロセスには忍耐力と自信が必要です。この場合の自信とは、偶然の出来事の結果ではなく、統計的な自信、つまり勝者が本当に勝者である確率です。信頼レベルの基準は95%であり、結果が95%以上で信頼できるという意味です。アクセス数の多いサイトでは、数日以内にこの信頼レベルに達しますが、トラフィックが少ないとテストに時間がかかります。

　曜日のような他の変数の影響を除外するには、理想は祝日がない2週間以上の期間でテストし、日々の比較をします。さらに、予期せぬ外れ値に対応するには、テスト期間を十分に長く設定する必要があります。例えば、皆さんの組織が「ニューヨークタイムズ」に突然取り上げられ

たとき、テスト中のウェブサイトのパターンが「ニューヨークタイムズ」の読者には人気があっても、サイト訪問者全体にはそうではない場合があります。テスト期間を長く設定する忍耐力がなければないほど、偽陽性や偽陰性の両方のエラーを招き入れしてしまいます。

あるページの別のバージョンを現在のバージョンと比較テストを考えているなら、現在のバージョンから変更点を誰かがデザインしなければならない意識が重要です。小さな変更でも、誰かの作業が伴います。

もし、コールトゥアクション（ユーザーがクリックできるボタン）が一つしかない場合、ランディングページをテストし、コンバージョンレートのためにページ内の以下の要素を変更できます。

・ボタンの文言、サイズ、色、配置。
・ページ内のテキストとテキストの総量。
・価格や特別なオファー。
・使用する画像または画像の種類（写真もしくはイラスト）。

意外な選択が最も良い結果をもたらすこともあります。「茶色のボタンがユーザーに一番効果的だなんて、誰が想像したでしょうか？」というようにです。最適化したい指標について皆が同意していて、計算方法に問題がなければ、それは新しい発見のチャンスです。

何度かテストを重ねると、特定のコンバージョンの目標を達成するために有用なデザインパターンが見えてくることがあります。その一方で、その一つのコンバージョンの目標だけでは、ウェブサイトやビジネス全体の成功の一部に過ぎないことも忘れてはいけません。

■ 注意点と考慮すべき点

スプリットテストには、他の情報収集方法と比べて、より多くの注意点があります。スプリットテストは、数学的な確実性や、一度設定すればそれ以上の手間はかからないような自動化を提供すると見せかけられ

るため、魅力的に感じられます。しかし、実際には人間の判断が必要であり、結果の解釈は広い視野で考えるべきです。ユーザーインターフェースに関する質問への最適な回答は、必ずしもテストだけではありません。また、これらの活動は実際のサイトに直接影響を与えるため、リスクも伴います。

フランケンシュタイン博士のように、訪問者を迎える場所に実験室を構えていますから、既にうまくいっていることを邪魔しないよう実験を設計し運営することが大切です。一貫したオンライン体験は信頼と習慣を築くのに役立ちますが、スプリットテストは性質上、一貫性を損ねる可能性があります。テストの内容と方法を決める際に、一貫性の点を考慮に入れてください。

スプリットテストのプロセスは段階的に進むもので、微細な調節や調整を伴います。スプリットテストは高度な戦略的アドバイスを提供するためのものではなく、変化を求めるユーザーの期待に応えるデザイン要素や、ある文脈で明確なユーザー行動を引き出したい場合に特に適しています。「検索エンジンマーケティング用のランディングページは？」それには、素晴らしい選択です。これらは通常、新しいユーザーを対象にしています。「しかし、グローバルナビゲーションに関しては？」それには、おすすめできません。

小さな肯定的な変更にフォーカスしすぎるのは、漸進的な文化やリスクを避ける傾向を導いてしまう可能性があります。しかし、短期的にはマイナスの影響を与えるかもしれないが、大きな飛躍をもたらすものをどのように実現すればよいのでしょうか？ 起業家でアドバイザーのアンドリュー・チェン（Andrew Chen）の素晴らしいブログでは、「ローカル・マキシマム（局所的な最大値）[61]」という概念が紹介されています[62]。微分積分学で学んだことを思い出すかもしれません。要約すると、

※61—数学や工学、経済学などの分野で使用される概念で、ある範囲内で最大の値を持つ点のことです。

※62—リンクはサポートサイトを参照してください。

既存のデザイン内での最適化には限界があるということです。既存のものに集中しすぎると、より大きな革新やはるかに大きな可能性を見逃すリスクがあります（図10.1参照）。

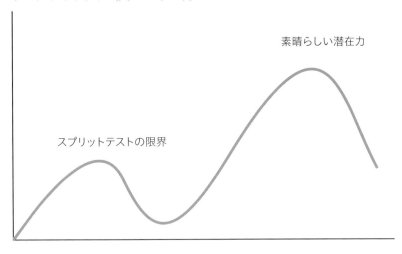

図 10.1　スプリットテストは、現在のデザインをローカル・マキシマムに最適化するのに役立ちますが、異なるアプローチでどれだけ成功できるかは教えてくれません。

　このことからも、コンテキストや定性的な要素を理解する重要性が明らかになります。世界中のスプリットテストがYahoo!をGoogleに変えられませんでしたし、Googleの数学的な能力も、Google+[63]をソーシャルメディアの失敗から救えませんでした。「どうするか？」と問う前に、「なぜするのか？」という問いに答える必要があります。そして、両方の問いに対して納得のいく答えを見つける必要があります。

※ 63―Google+（プラス）は、かつて Google が運営していたソーシャル・ネットワーキング・サービス。2019 年にサービス終了しています。

デザイナーとデータジャンキーは
友達になれるかもしれない

　ミスター・スポックの論理的でヴァルカン人らしい洞察力[64]には驚かされますが、私たちが共感するのは、ミスター・スポックの人間的な側面です。

　戦略的な設計思考とデータドリブンな意思決定には緊張関係があります。最も良いのは、情報に基づく直感や大胆な考えを尊重しながら、成功を測る方法を理解している上で成り立つ良い意味での緊張です。しかし、データが主導権を握ると、デザイナーは挫折感を感じたり、過小評価されていると感じたりします。

　最高のチームはミスター・スポックに似ています。データを受け入れ、プロダクトに取り組む全員が計測可能なものを理解しつつ、価値の探求に目を向けてインスピレーションも得ています。

　あらゆる数値を最適化しても、まだ失敗することがあります。なぜなら正しいもののために最適化するのは数値だけではないからです。そこで、内省と定性的なアプローチが重要になります。なぜ？ と問うことで、現在の裁量を超えた、より良い何かへの可能性を見出せます。数学だけでは限界があるのです。

※ 64―アメリカの SF テレビシリーズのスター・トレックのミスター・スポックはヴァルカン人（地球人とのハーフ）であり、ヴァルカン人は「徹底した論理的思考と無感情」が特徴。最初は厳格であったがシリーズの途中から地球人の人間性を肯定するようになりました。

まとめ

　もし本書が皆さんに提示する答えよりも多くの問いを投げかけていたとしたら、これは最高なことです。皆さんが問いを投げかけるのにワクワクしてくれるのを願っています。なぜなら問いは答えよりもはるかに力を持っているからです。また、なまぬるい仮説にとどまるよりも、新たに問いかける勇気を持つ方が時には重要です。

　自分でも気づかなかったニーズを満たし、生活にシームレスに溶け込む、使い心地が良いプロダクトやサービスを見つけるたび、誰かが核心的な問いを投げかけた結果であるとわかります。「このプロダクトはなぜ存在するのか？」「誰がこのプロダクトから利益を得るのか？」「どうすればより良くできるのか？」

　皆さんは、ユーザーや自分またはクライアントに同じことをできますし、彼らはそれを受けるだけに値します。皆さんの努力と技術も、実際に意味のある方法で使われるべきです。なので、常に皆さんの仕事を取り巻く現実世界のコンテキストの調査を忘れないでください。ブルースカイシンキング（創造的思考）が現実と出会うとき、常に現実が勝ちます。現実と友達になりましょう。できるだけ早く低コストで、間違いが証明されることを期待しましょう。早く失敗するのを尊重する文化で働いている場合、まだ計画段階のアイデアをテストするのが最も早く失敗する方法です。アイデアを描く前に仮説を検証するのに匹敵するかもしれません。

　正しい質問は、自身を誠実に保ち、チーム内のコミュニケーションを改善し、時間やお金の無駄を防ぎます。また、正しい質問は競争力を高め、本質的な問題に対する効果的な解決策へと導く指針となるでしょう。

　好奇心をあなたの道しるべにしましょう。質問を作り、データを収集し、分析します。一連の流れには、多くのアプローチがあります。本書で概説されたテクニックが、すぐにでも皆さんがリサーチを始める手助けとなり、どこでどのように働いていようとも、リサーチの習慣を身に付けてくれることを願っています。リサーチは負担でも贅沢品でもなく、既存のプロセスで有用な洞察を開発する手段です。

　リサーチをどれだけ行えば最善なのでしょうか？

　最善な洞察を得るのに必要な分だけ行いましょう。

リソース

　本書は簡潔でありながら、その好奇心は無限に広がっています。さらに深く学び続ける際に役立つ人々やリソースをここに紹介します。

■ ウェブサイト、ブログ

- **ヘルシンキデザインラボ（Helsinki Design Lab）**
ラボは休止中ですが、ウェブサイトは「エスノグラフィー・フィールドガイド」を含むガイドやテンプレートの宝庫です。
（https://www.helsinkidesignlab.org/）
- **デザインキット（Design Kit）**
IDEO.orgの社会的志向のリソースと実践のセットには、人間中心デザインのフィールドガイドが含まれています。
（https://www.designkit.org/resources/1.html）
- **UXR（UX Research）のガイドブック**
ポーリナ・バーリク（Paulina Barlik）がたくさんのツールとリソースを一箇所にまとめてくれています。（http://guidetouxr.com/）
- **ResearchOps Community**
申請が必要なSlackチームですが、非常に活動的です。
（https://researchops.community/）
- **Service Design Toolkit**
ベルギーのこのツールキットは、人間中心のサービスデザインに焦点を当てています。ポスター、ガイド、ワークショップ素材を提供しています。
（https://servicedesigntoolkit.org/）
- **Service Design Tools**
ロベルタ・タッシ（Roberta Tassi）はミラノ工科大学デザイン学部での論文制作で、この整理されたコミュニケーションツールと方法論のコレクションを生み出しました。
（https://servicedesigntools.org/）
- **Remote Research**
Ethnioの創設者ネイト・ボルト（Nato Bolt）による、リモートリサーチとテストを行うためのサイトです。（https://remoteresear.ch/）

- **Userfocus**
  ユーザフォーカスは、ロンドンに拠点を置くユーザビリティコンサルティング会社で、多くの記事や電子書籍を公開しています。大半は無料ですが、費用がかかるものもあります。Usability Test Moderation: The Comicをお楽しみください。
  (https://www.userfocus.co.uk/articles/index.html)
- **ニールセン・ノーマングループ（Nielsen Norman Group）**
  ヤコブ・ニールセン（Jakob Nielsen）のエビデンスベースのユーザビリティ宣言は伝説的です。ニールセンとノーマンは多くの議論にとどまらず解決方法も提示しています。
  (https://www.nngroup.com/articles/)

■ その他情報

- **Getting People to Talk: An Ethnography & Interviewing Primer**
  この動画は役に立ちます。インタビューについて読書から学べることには限界があるためです。
  (https://vimeo.com/1269848)
- **ICC/ESOMAR Code on Market and Social Research**
  国際商業会議所とマーケットリサーチャーのための国際組織によって定義された専門的かつ倫理的なルールです。デザイン研究の規範としても同様に機能します。
  (https://www.nngroup.com/articles/no-validate-in-ux/)
- **"Human-Centered Design Considered Harmful."**
  この人間中心デザインの批判は、コンテキストに関していくつかの重要な点を提起しています。
  (https://jnd.org/human-centered-design-considered-harmful/)
- **An Ethnography Primer**
  AIGAとチェスキンがデザイン民族誌に関するダウンロード可能な入門書をまとめました。簡潔なテキストと美しい写真が含まれています。一部の関係者にとって非常に便利です。
  (https://www.scribd.com/doc/46873341/Ethnography-Primer)

■ 他の読み物

- 『Behave: The Biology of Humans at Our Best and Worst』、ロバート・サポルスキー（Robert M. Sapolsky）。
  人間の行動の誤ったモデルは、デザインと政策についての悪い決定につながります。私たちが何をし、なぜそれをするのかを理解するために不可欠な読書です。また、ジョークがいっぱいです。

- 『Designing for the Digital Age: How to Create Human-Centered Products』、キム・グッドウィン（Kim Goodwin）。
  これもまた、すべてのデザイナーの本棚にあるべき基本的かつ包括的なテキストです。

- 『Practical Design Discovery』、ダン・ブラウン（Dan Brown）。
  名前に「実用的」とあります。このダン・ブラウンが書いたものを全て読めば、プロジェクトがスムーズに進むでしょう。

- 『Practical Ethnography』、サム・ラドナー（Sam Ladner）。
  これもまた実用的です。ラドナーは、技術企業の仕事の現実と研究の厳密さをバランスよく取り組む社会学者です。

- 『Observing the User Experience（第2版）』、リズ・グッドマン（Liz Goodman）、マイク・クニャフスキー（Mike Kuniavsky）、アンドレア・モード（Andrea Moed）。
  包括的なデザインリサーチリソースを探しているなら、まさにこれです。

- 『Designing and Conducting Ethnographic Research』、マーガレット・D・ルコント、ジャン・シェンスル（Margaret D. LeCompte and Jean Schensul）。
  「Ethnographer's Toolkit」シリーズの第1巻は、方法論と実践の良い導入部です。

- 『Mental Models: Aligning Design Strategy with Human Behavior』、インディ・ヤング（Indi Young）（日本語版：『メンタルモデル ユーザーへの共感から生まれるUXデザイン戦略』（丸善出版））
  この本は、研究中に学んだ行動を捉えて表現するためのメンタルモデル使用技術に深く切り込んでいます。

- 『Interviewing Users: How to Uncover Compelling Insights』、スティーブ・ポーチガル（Steve Portigal）（日本語版：『ユーザーインタビューをはじめよう ―UXリサーチのための、「聞くこと」入門』（ビー・エヌ・エヌ新社））
  人々に話を聞くことについての今やクラシックな入門書です。

■ リサーチツール

　数年の間に、ソフトウェアツールやサービスが急速に増えています。自分やチームに最適なものを選ぶには、リサーチ参加者にとって便利で、邪魔にならず、既存のワークフローに合ったものを選ぶのが重要です。新しいツールは絶えず登場しているため、どのようなものが利用可能かを知るには、自身で調査を行うことを推奨します。

　ツールはスキルと同じではないことを覚えておいてください。ツールの使いやすさは、皆さんが収集する洞察の質とは必ずしも直結していません。特にアンケート、リクルーティング、リモートでのユーザビリティテストに当てはまります。どんな主張にも懐疑的でいるのが重要です。

　組織内でツールを標準化するのは良いアイデアです。仮想的および物理的なリサーチキットに入れるものと考えてください。以下のツールは私が個人的に使用しているものです。

■ リクルーティングとスクリーニング

　自分でリクルーティングを行いましょう。代表的なユーザーや顧客を見つける方法を知ることは、実際のユーザーや顧客にアピールし、魅了するのに役立ちます。リクルーティングのためのスクリーニングは、あくまで一種のアンケートです。Google ドキュメントやスプレッドシートに出力できるアンケート作成ツールを使用します。

- **Ethnio**
オンラインでリクルーティング、スケジューリング、報酬支払いを処理するツールで、リモートユーザーリサーチの本を書いた人たちによるものです。Enthio は、リサーチ参加者を頻繁に募集する組織向けに設計されていますが、すべての組織に当てはまるでしょう。私は技術的にはアドバイザーですが、実際にはファンです。創設者のネイト・ボルトはこの業界で最も知識が豊富で原則的な人物の一人です。
（https://ethn.io/）

■ リモートリサーチとテスト

リモートリサーチは、より多くの人々に、より早く、ユーザーの環境内でアクセスすることを可能にします。しかしこの方法は、学びを必要とする人々によって運営される場合に最も有効です。そうでなければ、アンケートと同じく、テストを正確に実施するためにかける努力が、障壁を作り出したり偏見を生じさせたりすることになります。簡単に手に入る低コストのデータには警戒が必要です。

- **Zoom**
  私の定番です。ローカルまたはクラウドにミーティングを録画できます。
- **Google Meet**
  Google MeetはGoogleカレンダーと統合されているので便利です。異なるアプリを使用して録画する必要があります。
- **Skype**
  昔の定番は現在マイクロソフトが所有しています。アプリ内でSkype間の通話を画面共有し、直接録画することができます。（注：執筆時点でのSkype for Businessは、外部参加者が参加しやすい製品ではありません。）

■ 文字起こし

音声や動画を入手したら、テキストに変換して分析する必要があります。機械翻訳はまだ完璧ではありませんが、かなり進化しています。

- **Temi**
  非常に高速で安価です。品質は向上し続けています。
  （https://www.temi.com/）
- **Rev**
  ときには人の手が必要です。機械翻訳より遅く高価ですが、事後に編集するための時間がそれほどかからず、より高品質な結果を提供します。
  （https://www.rev.com/）

■ ダイアグラミング

リサーチ結果をモデルに変換するとき、ダイアグラム（図表）を作成する必要があります。最も使い慣れたものを使用してください。

- **Google ドキュメント**
  アイデアを明確に伝えられる限り、視覚的なブラッシュアップよりも共同作業がはるかに重要です。私がよく使用しています。
- **Keynote**
  最終的にプレゼンテーションとして作業内容を共有する予定なら、最初からその方法で始めると良いでしょう。何かをアニメーション化する必要がある場合には特に便利です。PowerPointやGoogleスライドも使用できますが、どちらにもフレーム効果はありますか？
- **Mockingbird（現在はサービス停止中）**
  ワイヤーフレームを作成・共有するウェブベースのツール。超高速のペーパープロトタイピングとユーザビリティテストに最適。汎用ツールではありません。価格はアクティブなプロジェクトの数によって決まります。
  （https://gomockingbird.com/）
- **Creately**
  チームが共同でチャートやグラフを作成するのに適したクラウドベースのダイアグラミングツール。価格はチームメンバーの数に応じて決まります。
  （https://creately.com/）
- **OmniGraffle**
  マッピングに最適。慣れれば高速で操作できます。安くはありません。また、共同作業には適していません。
  （https://www.omnigroup.com/omnigraffle/）

■ バッグの中に

フィールド観察を行うときのために、必要なものを入れたバッグを常に準備しておきましょう。

- **専用のノートパソコン・タブレット**
  理想は、共有されたチームリサーチ用のノートパソコン・タブレットがあると、どのファイルがどこにあるか混乱せずに済みます。ユーザビリティテストを行う場合は、2台目のノートパソコンや他のデバイスが必要です。

■ データストレージと転送

ファイルを移動する必要があると仮定し、ネットワークがない場合に備えてください。デバイスのタイプに応じて、カード、ドライブ、アダプターを用意しておきます。

- **フィールドレコーダー**
  スマートフォンを使用することもできますが、専用の録音デバイスが便利でプロフェッショナルです。
- **ウェブカメラ**
  ビデオも必要な場合があります。オーディオとビデオの両方のレコーダーがあれば柔軟性があります。
- **小さなノート**
  これは、あなたが欲しがっていた可愛らしい小さなノートのマルチパックを購入するための言い訳です。また、良いペンも。
- **サイン作成とペーパープロトタイピング素材**
  セッションへ人々を招待するためにも、部屋から人々を遠ざけるためにも、紙、カラーマーカー、テープが必要です。おまけとして、その場でテストプロトタイプを作成することもできます。
- **チェックリスト**
  バッグに入れるべきすべての物のリストを持参し、同僚が会議室でのクイックセッションのために何かを持ち出していないか確認してください。合意したプロセスやプロトコルのチェックリストも持参してください。

■ 部屋の中で

可能であれば、リサーチ計画と共同分析のための専用スペースを用意します。難しければ、リサーチ作業セッション用品を入れた別のバッグを準備しておきます。これは単なるスターターリストです。好きなスノックを追加してください。

- **7.5cm x 12.7cm のカード**
  オープンオフィスのおかげで、もう誰も壁スペースを持っていません。ノートカードは安価で耐久性があり、水平面で使うのに快適です。このカードは付箋よりも便利だと考えています。分析セッションで異なるタイプのデータをコード化するために異なる色を使用すると、さらに便利です。
- **付箋**
  デザイン思考には欠かせません。付箋を見て引っ込み思案になる人はほとんどいません。付箋とペンを配ってチーム全体が参加するよう促します。また、書籍やレポートに付けるタブ付き注釈にも役立ちます。
- **メモ帳**
  ノートパソコンでメモを取り始めてしまうと、他の関係のない個人的な作業に没頭してしまうことがあります。紙のメモ帳を利用しましょう。
- **ホワイトボード**
  デザインや開発が行われているオフィスで、ホワイトボードスペースがどれだけ少ないかには時々驚きます。メモを貼り付けたり、並べ替えたりする場所が必要です。理想的には、ホワイトボードの壁のある会議室ですが、緊急時には、移動できるホワイトボードを使用したり、ホワイトボードの壁紙を貼ったり、シャワーでブレインストーミングを行うこともできます。ノートパソコンはリモートワークには最適ですが、対面でのコラボレーションには適していません。
- **様々な表面に書けるかっこいいペン**
  ただし、油性ペンとホワイトボードマーカーを別に保管するようにしてください。一緒になると大変なことになります。
- **大きなモニターまたはスクリーン**
  みんなが同時に同じものを見て、各自のノートパソコンを見なくて済みます。

翻訳者あとがき

　本書の原題は「Just Enough Research」です。そのまま訳せば、「必要十分なリサーチ」になるでしょう。事実、翻訳をし始めた当初は「必要十分なリサーチ」というタイトルで刊行する予定でした。

　しかし、翻訳を進める中で「必要十分なリサーチ」では、著者のErika Hall（エリカ・ホール）が伝えたいことと一致しないと翻訳チームは判断しました。リサーチは、単に情報を集めるのではなく、真の洞察を得るための活動であることをこの書籍から学び、もっと最適な言葉があるのではないかと模索しました。

　「ちょうどいいリサーチ」、「適当なリサーチ」、「最適なリサーチ」など様々なアイデアとしばらくの空白期間を経て、リサーチの価値を伝えたいという想いから「最善のリサーチ」というタイトルに決定しました。この「最善」は、実はドイツの高級自動車ブランドメルセデス・ベンツの基盤を作り上げたKarl Friedrich Benz（カール・フリードリヒ・ベンツ）の「最善か無か」という言葉に由来しています。この言葉は「最善を尽くさなければ無と同じで、中途半端なものは存在しない」という意味を指しますが、リサーチにも同じことが言えると私たちは考えています。

　皆さまには、リサーチを行うたびに本書を手に取って欲しいと考えています。一通り読むだけでなく、リサーチの現場では当然のこと、普段の仕事でも積極的に活用していただけると考えています。それは、組織にはコミュニケーションや傾聴の能力が利用できるからです。人の本質的な理解とインサイトを見極める能力でプロダクト開発できます。

プロダクト開発チームが、最善のリサーチを行うことができれば、リサーチ対象者の視点から物事を見ることができます。現場でのトライアンドエラーを繰り返し、本書を読み返すことで理解が深まるでしょう。私たち、翻訳プロジェクトメンバーがそうであったように、何度も繰り返し読むことで、リサーチの本質への理解を深めることができ役立っています。

　最後に、私たち翻訳プロジェクトメンバーが最善の翻訳ができるよう支援してくださったプルーフリーダーの反中さん、山田さん。翻訳作業期間をぎりぎりまで調整いただいた編集の藤島さんにもこの場を借りて御礼申し上げます。

　そして何よりも、本書を手に取って読んでくださった皆さまに、心より感謝申し上げます。

　皆さまの「最善のリサーチ」を心より願っております。

――菊池 聡、久須美 達也、横田 香織

索引

Erika Hall （エリカ・ホール）

　エリカ・ホールは20世紀末からデザイン・コンサルタントとして活動しています。彼女はMule Design Studioの共同設立者であり、クライアントが抱える難問に対し、共に解決策を探ることに特化しています。エリカは、デザイナーが自分たちの仕事の影響についてより深く考えるように促す、従来の考え方に挑戦するトピックについて話し、執筆しています。彼女はX（Twitter）で@mulegirlとして頻繁に見かけます。ポッド・キャスト『Voice of Design』の共同ホストも務めています。エリカは犬と自転車が好きです。

翻訳者について

菊池 聡 （きくち さとし）

UX DAYS TOKYO 主催、Web Directions East 合同会社 代表社員
著書に『レスポンシブ Web デザイン マルチデバイス時代のコンセプトとテクニック』（KADOKAWA）など。
レスポンシブウェブデザインやモバイルファーストなどを日本に紹介。
コンサルタント、日本人初のノーマン・ニールセンのマスター資格をもつ。

久須美 達也 （くすみ たつや）

通信事業会社に勤務。大規模メディアや EC 事業の責任者を歴任し、複数の新規事業も開発。UX デザインの力に魅了され、社内外で啓蒙活動を行っている。

横田 香織 （よこた かおり）

アプリ開発会社に 4 年勤務し、カスタマーサポート、マーケティング、UX 設計、広報に携わっている。個人では、動画制作にも従事。

UX DAYS PUBLISHING

　日本最大級のUXイベントのUX DAYS TOKYOの書籍の出版や翻訳を手掛ける部門として、海外の書籍を独自のネットワークで仕入れて、「絶対に読みやすい本や利用しやすい本」を目指して翻訳や執筆を手がける。

STAFF

プルーフリーディング	反中 望、山田 和広
ブックデザイン	霜崎 綾子
DTP	中嶋 かをり
編集	角竹 輝紀、藤島 璃奈

サイゼン
最善のリサーチ

2024年5月23日　初版第1刷発行

著者	Erika Hall
翻訳	菊池 聡、久須美 達也、横田 香織
監修	UX DAYS PUBLISHING
発行者	角竹 輝紀
発行所	株式会社マイナビ出版
	〒101-0003　東京都千代田区一ツ橋2-6-3 一ツ橋ビル 2F
	TEL：0480-38-6872（注文専用ダイヤル）
	TEL：03-3556-2731（販売）
	TEL：03-3556-2736（編集）
	E-Mail：pc-books@mynavi.jp
	URL：https://book.mynavi.jp

印刷・製本　株式会社ルナテック

Printed in Japan
ISBN978-4-8399-8475-5